科学法則大全

HOW IT ALL WORKS

化学同人

科学法則 大全

アダム・ダント 絵

ブライアン・クレッグ 文

大西光代 訳

左巻健男 監修

目　次

はじめに

科学とは、この世界の森羅万象がどのようにはたらいているかを探求する営みである。それが「自然のふしぎを知りたい」という個人的な興味に端を発するものであったとしても、それはそれで価値はある。しかし、特に光学分野で顕著であるように、科学的な原理をもとにした技術の応用が進展してからは、科学の探究は、物事の仕組みを理解して終わりというだけでなく、その理解を私たちの日常生活を支える技術に生かそうとする、より実用的なものにもなっている。

法則と現象

本書を眺めれば、アダム・ダントによる素晴らしく、とても愉快なイラストレーションによって、私たちの日常がいかに多くの科学的な法則や現象にあふれているかを直感的に知ることができる。法則と現象の違いは繊細だ。現象とは、この世界で起きていること、あるいは存在しているもののことだ。それは、例えば星のような物体から、何かが起こる仕組み、例えば流体があちらからこちらに流れていく様子、あるいは生命そのものまで、何でもよい。一方、科学的な法則とは、一定の条件のもとで、どこでも成立する事物のあいだの関係を表したものである。

人間の法治社会とは違って、自然界にルールブックは存在しない。つまり、特定のシチュエーションにおいて事物が次にどう振る舞えばいいかを定める文書は存在しないのである。その代わりに科学法則は、自然界で見られる繰り返しパターンを記述しようとしている。アメリカの偉大な物理学者、リチャード・ファインマンはこう述べている。「自然界の現象の間には・・・直接は目に見えず、科学の目でのみ見えてくるリズムやパターンがあって、物理学者はこれらのパターンを物理法則とよんでいる。」

私たちが「法則」と表現するものは、多くの場合、何が起こりう

るかを数式化したものである。なかには、観測結果から得られた経験的なものもある。例えば、動物の体重とその消費エネルギー量の関係を示すクライバーの法則がそれにあたる。この法則は、体の大きな生物ほど（相対的に）消費エネルギーが少なくてすむというものだ。ここに理論はなく、このような法則は、「こういったものをたくさん観測してみると、それらは大抵こんな風にふるまう」ということを示している。他の法則、特に物理法則は、理論によって決定され、特定の条件の中で常に成立する。そう、例えば、ニュートンの運動の法則は、光速に至るような速度で物体が移動しない限りは、物体がどのように運動するかをいつでも正確に述べてくれる。

本書の構成

本書のイラストは、キッチンからスタートし、家、ガーデン・パーティー、科学館、病院、街の広場、メインストリート、田園地帯、海辺、大陸、地球、太陽系、そして宇宙へと、段階的に外界へとズームアウトするコズミックズームの手法で描かれている。アダムの類いまれなる想像力のおかげで、なかには予想外の場所もあるかもしれない。それぞれのイラストからは46種類の法則や現象を見つけられるようになっていて、すぐ次のページで、「法則」と「現象」のマークが付けられ、紹介されている。

取り上げた法則や現象のそれぞれは、解説のためにイラストがクローズアップされている。紙面の制限があるので、結果的に、時には非常に複雑な概念をくわしく説明できないこともあった。そういった事例のほとんどは、インターネットでその項目について検索することで、より多くを知ることができるだろう。しかし、例えば、量子物理学の分野では、科学者でさえ何が起こっているのか頭を悩ませることがあるのだから、ネット検索でなんでも解決できるわけではない、とは言っておこう。同様に、絶え間なく変化する科学の

世界の壮大さゆえに、網羅的であることは不可能だ。しかし、本書の出版時点での科学界を一望できるものにはしたつもりである。

　これらのイラストと簡潔な解説からわかることは、私たちのすべて、経験するすべてのことが科学的な現象であり、そして、それらの現象は科学的な法則と結びついているということだ。科学は、私たちが学校で学ぶことや、一部の専門家が研究室で行っていることだけではなく、この世界のすべての中核をなすものなのである。サミュエル・ジョンソンは、「ロンドンに飽きた者は、人生に飽きた者だ」という名言を残しているが、本書を読んだ後で「科学に興味がない」と言う者は、「人生やこの世界、そして何もかもに興味がない」と言っているのと変わらない。

科学界のキーパーソン

　読者は、巻末で13人の「ゲームチェンジャー」に出会うこととなる。彼らは私たちの科学的理解に重大な影響を与えた立役者たちで、本書の各章に一人ずつひそかに登場している。彼または彼女が発見した法則や現象に関わるイラストの中に、その姿を見つけることができるだろう。科学者として誰を取り上げるか選ぶ作業はなかなか難しかった。有名な者も無名な者も入り混じるようにしたが、いずれの人物も、この世界の仕組みに対する私たちの科学的理解を、大きく一歩前進させることに貢献した人物である。

　自然界の基礎的な法則や現象を発見した科学者を選んでいくと、そのほとんどが、20世紀よりも「前」の時代の人物になった。1900年以降にも膨大な数の科学的なブレークスルーが生じたが、量子物理学やカオス理論などのいくつかの領域を除くと、多くの科学理論の基礎が当時すでに確立されていたためである。そしてこれが、13人の中に女性がたった2人しかいない理由でもある。もし、最近50年間の第一線級の科学者を対象としたなら、この比率は大きく変わったことだろう。20世紀より前にも、科学的知見に貢献した女性は数多く存在したが、当時の文化的な制約のために、科学分野における女性の割合は、今よりはるかに低いものであったのだ。幸いなことに、現在この状況は変わりつつある。

科学の美

　本書は、まったく異なる二つの視点から楽しむことができる。ひとつは、アダム・ダントの画集として。彼は、英国の権威ある「ジャーウッド絵画賞」も受賞した、濃密で大スケールの表現を得意とする著名な現代画家だ。そして、もうひとつは科学の視点からである。アダムの絵は単なるアート作品を超えている。注意深く見ていくにつれ、いかに科学と技術が私たちの世界に密接にかかわりあっているか、それぞれの絵が非常に多角的に描き出していると気づくことだろう。

　19世紀の英国の詩人ジョン・キーツが、「ニュートンは "虹の解体" という重罪を犯した。自然の美を数学で汚したのだ」と非難した話は、よく知られるところである。しかし、本書でアダムの絵が証明したように、科学と芸術の間に分断は存在しない。科学的な理解を深めることで、私たちは自然の素晴らしさにあらためて感動できるし、その仕組みを知る快感も得られる。それが悪いことであろうはずがない。

ブライアン・クレッグ

キッチン

絵の中からさがしてみましょう

メイラード反応　　断熱膨張　　ライデンフロスト現象　　熱力学第二法則　　乳化

キッチン

 法則 シャルルの法則
Charles' law

圧力が変わらない場合、気体の体積はその温度に比例するという法則。ケーキを焼くためにオーブンで加熱すると、生地の中に含まれる気泡は温度上昇により体積を増す。これが生地を膨らませ、ケーキにふんわりとした食感を与える。

 法則 ゲイ・リュサックの法則
Gay-Lussac's law

気体の温度は圧力によって変化することを示す法則。冷蔵庫では外部で圧縮した冷媒（冷たさを維持するための化学物質）の圧力を庫内で下げ、膨張させる。圧力が下がったことで低温になった冷媒が熱を奪い、冷蔵庫内は冷却される。冷媒が受け取った熱は、背面にある放熱器で外部へ放出される。

 法則 ファラデーの電磁誘導の法則
Faraday's law of induction

回路に生じる起電力の大きさは、その回路を貫く磁場の変化速度に依存するという法則。電磁調理器ともよばれるIHコンロは、俊敏に変化する磁場を発生させて鍋底に電流を流す。その電流によって鍋自体が発熱するのだ。電流によって鍋が発熱する仕組みは、右の「ジュールの第一法則」を参照。

法則 ジュールの第一法則
Joule's first law

回路に発生する熱は、電流の二乗と電気抵抗に比例するという法則。これは電熱線に電流を流すと発熱することを利用した、ポップアップ型の電気トースターの仕組みの重要な部分を説明するものだ。

 法則 熱力学第一法則
First law of thermodynamics

注目する系での内部エネルギーの変化は、外部から与えられた熱や加えられた仕事から、系が外部にした仕事や与えた熱を差し引いたものになるという法則。エネルギー保存の法則ともいう。鍋の中のエネルギーは、コンロからの熱によって増加する。

 法則 熱力学第二法則
Second law of thermodynamics

外部との間で物質のやり取りがない閉じた系において、多様さや無秩序さの度合いを表す量「エントロピー」は、変わらないか、ほとんどの場合増加し、けっして減少しないという法則。割れて欠片となって散らばった陶器は、割れる前よりもエントロピーが増えているといえる。

 法則 熱力学第零法則
Zeroth law of thermodynamics

三つのもの（ABC）があって、AとC、BとCがそれぞれ同じ温度（熱的平衡）なら、AとBも同じ温度であるという法則。これが成り立つことで、温度計で様々な物の温度を測定して、比較することが許される。

 **現象** 毛管現象
Capillary action

液体が、細い管や狭いすき間に入り込んだ際に、内側の液面が外側の液面とは食い違う現象。水のような壁面をぬらす（接触角が鋭角な）液体は、内部の液面がより高くなる。キッチンタオルで生じる毛管現象は、こぼした液体を吸い上げ、ふき取るのに役立つ。

 現象 酸・塩基反応（中和）
Acid–base reaction

酸と塩基の間で起こる化学反応のこと。より広範な概念による定義では、電子対を受けとる物質を酸、与える物質を塩基としている。酢（酢酸が主成分）とベーキングパウダー（塩基である炭酸水素ナトリウムを含む）を反応させると、二酸化炭素が発生するのも酸・塩基反応のひとつである。

 現象 コースティクス（火線）
Caustic curve

液体の表面の反射や屈折によって、明るい光の曲線がつくられる現象。これは液体の入ったカップやボウルでよく見られる。この語は日光を集めるとものを燃やすことができることに由来する。水面のきらめきもコースティクスの一種。

 現象 断熱膨張
adiabatic process

外部と熱のやりとりなしに体積を増やす（膨張する）こと。膨張に必要なエネルギーは内部でまかなうため、温度が下がる。ポップコーンをつくる際、実の中の水分が水蒸気になり膨張するのも断熱膨張だ。ポップコーンの温度は、はじける前よりも下がる。

 現象 凝集
Cohesion

同じ物質の分子どうしが、互いに引き合いまとまる現象。牛乳パックのようにワックスコーティングされていて、ぬれにくい表面では、凝集によってほぼ球に近い液滴ができる。

 現象 腹鳴（お腹の鳴る音）
Borborygmus

胃の内部のものが、筋肉の収縮によって小腸に押し出される時の、ゴロゴロいう音。

 現象 熱伝導
Conduction

熱は、物体中の動きの速い分子が他の分子にぶつかり、ぶつけられた分子が別の分子にぶつかるという繰り返しで伝わっていく。オーブングローブは、熱伝導度が低い素材でできているので、金属のトレイから男性の手に熱が伝わるのを防いでいる。

対流（自然対流）
Convection

気体や液体（流体）が温められると、分子の運動速度が大きくなって密度が小さくなる。このように温められて軽くなった流体が上へと移動し、そこに周囲から温度の低い流体が入り込むことで、流れが生じる現象。グリルから出た煙の粒子は暖かい空気とともに煙感知器まで運ばれていく。

象 エレクトロ ルミネッセンス
Electroluminescence

電気エネルギーを加えられた物体が発光する現象。いくつかの物質、特に半導体は電気を流すと光を放つ。光を発する壁掛け時計のLEDはエレクトロルミネッセンス（電界発光）である。

象 共有結合
Covalent bonding

原子間で外側の電子を共有することによって原子が結合する現象。水や二酸化炭素をはじめ、多くの化合物で見られる。テーブルシュガーの原料であるショ糖（スクロース）には共有結合がたくさん含まれる。

象 乳化
Emulsion

通常は混ざらない液体どうしでも、一方を微粒子にすることで均質に混ぜ合わせることができる現象。牛乳では、液化した乳脂肪が非常に小さい球体になることで水とエマルション（乳濁液）を形成している。

象 溶解
Dissolution

固体が液体に溶ける時には、固体の分子間の結合が外れる。カップの中の温かい紅茶で砂糖が溶けるのは、砂糖の分子どうしよりも、水分子と砂糖分子どうしの方が引き合う力が強いからである。

象 酵素加水分解
Enzymatic hydrolysis

酵素は、化学反応を促進する触媒だ。水が存在するところで酵素がはたらくことによって物質を分解する反応のことを酸素加水分解という。パンを噛むとき、唾液のなかのアミラーゼという酵素がでんぷんを糖に加水分解し、消化を助けている。

象 渦電流
Eddy currents

電磁誘導により、電導体内に生じる渦状の電流を渦電流という。IHコンロは鍋底に渦電流をつくり、この時の電気抵抗による鍋自体の発熱で加熱する。

象 指数関数的成長
Exponential growth

1時間で2倍、次の1時間でまた2倍になるというような、時間ごとに同じ倍数で増加する成長をいう。腐りかけの果物に付着したバクテリアは倍々で急速に増殖する。

 発酵
Fermentation

バクテリアや酵母のような微生物が炭水化物を分解してアルコールや乳酸、二酸化炭素をつくる現象。有害な物質ができる時は腐敗として、発酵とはいわない。ビールは酵母が大麦麦芽中のでんぷんを分解することでつくられる。

現象 イオン結合
Ionic bonding

イオン間の化学結合をいう。イオンとは、電子が足りないか、余分に持っている原子や原子団および分子のこと。それぞれが正と負の電荷を持つため、この電荷どうしが引き合う静電気的な力で結びつく現象。いたずらして紅茶に入れた塩にはナトリウムイオンと塩化物イオンのイオン結合がある。

現象 強磁性
Ferromagnetism

磁場をかけるとその方向に強く磁化され、その後は磁場がなくても磁石としてはたらき続ける性質のこと。強磁性を持ち続ける永久磁石は、磁場がそろうように並んだ小さな結晶構造を内部に持つ。冷蔵庫のマグネットは小さな強磁性体を組み込んでいるので、金属製の冷蔵庫にくっつく。

現象 遊色効果
Iridescence

薄く透明な重なり合った層の境界面から様々な光が反射・干渉することで虹色が生じる現象。宝石のオパールにも見られる。キッチンのシンクのシャボン玉の虹色はシャボン玉の薄膜の表面と内面でそれぞれ光が反射し、それらが干渉するために生じる。

現象 蛍光発光
Fluorescence

 より高いエネルギーを持つ別の光源による刺激によって物体が光を発する現象。白色 LED 電球の内部では、青色LED の出す青い光が蛍光体を刺激することで、白い光が出ている。

現象 潜熱
Latent heat

液体は沸騰すると気化するが、その間熱を加え続けても液体の温度は上がらない。この、温度変化がない間に加えられている熱を潜熱という。熱し続けているにもかかわらず、コンロの鍋の中で沸騰しているお湯は 100℃のままだ。

現象 摩擦 / 抵抗
Friction

 動きを抑制しようとする、表面間の相互作用のこと。男性の靴のゴム底のざらざらした表面がフローリングの小さな凸凹にひっかかることで、滑らずにトレイを運ぶことができる。

 ライデンフロスト現象
Leidenfrost effect

液体が自身の沸点よりもはるかに高温なものの表面で、液滴となって蒸気の上に浮かぶ現象。熱くなったコンロの表面にのっている水滴が、ジュウジュウ音をたてながら、まるでダンスを踊っているように見えるのも、この現象だ。

メイラード反応
Maillard reaction

糖分とアミノ酸に熱を加えると起こる反応。おもに食品で見られる。これによって、焼き色がつき、香ばしい香りがする。ローストチキンをオーブンで加熱すると、この反応が起こる。

現象 非ニュートン流体
Non-Newtonian fluid

力のかけ方によって粘り気が強くなったり弱くなったり、流れやすさが変わる流体のこと。非ニュートン流体のひとつであるケチャップは、ボトルの底を軽くたたくことで発生する圧力波によって流れやすくなる。

現象 メニスカス
Meniscus

多くの流体分子はそれ自身よりも容器の内壁に強く引き付けられるために容器の壁を上る現象。コップの中の水をよく見ると水面がコップの内壁の方で少し高くなって凹型になっている。これはメニスカスによるものだ。

現象 オストワルド熟成
Ostwald ripening

小さな結晶がとけた後に大きな結晶に再構築されること。とけたアイスクリームを再凍結するとオストワルド熟成が起こり、舌触りが悪くなる。

現象 金属結合
Metallic bonding

金属原子間の化学結合のこと。金属内では原子が格子状に結合していて、一部の電子はその規則的な配列の中を自由に移動でき、このような電子を自由電子とよぶ。コンセントにプラグを差し込むと、電気コード内を移動する自由電子が、一斉に同じ方向に動くことで、ラジオへ電流を運ぶ。

現象 放物線軌道
Parabolic trajectory

重力下で物体を斜めに投げ上げるときに描く軌道のこと。開いた口へ向かってポイと放り投げたサクランボは放物線状の軌跡を描く。

現象 モアレ模様
Moiré patterns

ぴったり重ならない二つの格子の間を光が通過した時に生じる明暗の波紋状の干渉縞のこと。ランプシェードのこちら側と向こう側の面に施された格子模様がモアレ模様をつくりだしている。

現象 <ruby>蠕動運動<rt>ぜんどう</rt></ruby>
Peristalsis

体内の消化器官において食物を前へと押し進めるための、波のような筋肉の収縮運動のこと。女の子が噛んで飲み込んだパンは蠕動運動によって胃へ運ばれる。

 量子跳躍
Quantum leap

原子内の量子状態の電子があるエネルギー状態から別のエネルギー状態へ不連続に変わること。このようなエネルギーの変化は光の粒子である光子の放出や吸収を引き起こす。デスクライトは電球内の電子が量子跳躍することで発光している。

現象 でんぷんの糊化
Starch gelatinisation

加熱と水分によってでんぷん分子の共有結合が壊れ、糊のようになる現象。なめらかな食感になる。ベイクドポテトではこの現象が起こってジャガイモをふっくらとさせる。

 放射
Radiation

電磁波や粒子を周囲に放出することをいう。熱は電磁放射によって伝わるが、その中でも赤外線が最も効果的である。赤外線ヒーターは放射によって熱を周囲に伝達している。

現象 強い相互作用
Strong interaction

クオークを結び付けて陽子や中性子をつくり、さらにこれらの中性子や陽子をまとめて原子核にする力のことをいう。鳥から空気まで、すべての物質が安定しているのは、原子核にはたらくこの強い相互作用のおかげだ。

 レイリー・ベナール対流
Rayleigh–Bénard convection

液体を下から加熱した時、規則的に並ぶ対流セルによって上向きに熱が運ばれる現象。対流セルによってスープの表面に規則的な六角形や四角形の模様がつくりだされる。

 導波管
Waveguide

エネルギーの損失を最小限に抑えて波を導く構造のこと。電子レンジでは、長方形の金属管がマイクロ波の発生装置から調理庫内へとマイクロ波を導波する。

 胞子の形成
Sporulation

胞子の形成による繁殖は、菌類や、植物、藻類や原生動物で主にみられる。腐った果物の表面で成長したカビは、空気中を浮遊するカビの胞子が付着し成長したものだ。

 重力の脆弱性
Weakness of gravity

重力は自然界で最も弱い力で、電磁気力の10の38乗分の1の大きさしかない。冷蔵庫の磁石の磁力は、磁石を下に引く地球の重力よりも強いので磁石は冷蔵庫についたままだ。

家

絵の中からさがしてみましょう

虚像　　表面張力　　チェリオ効果　　サイフォン　　気化冷却

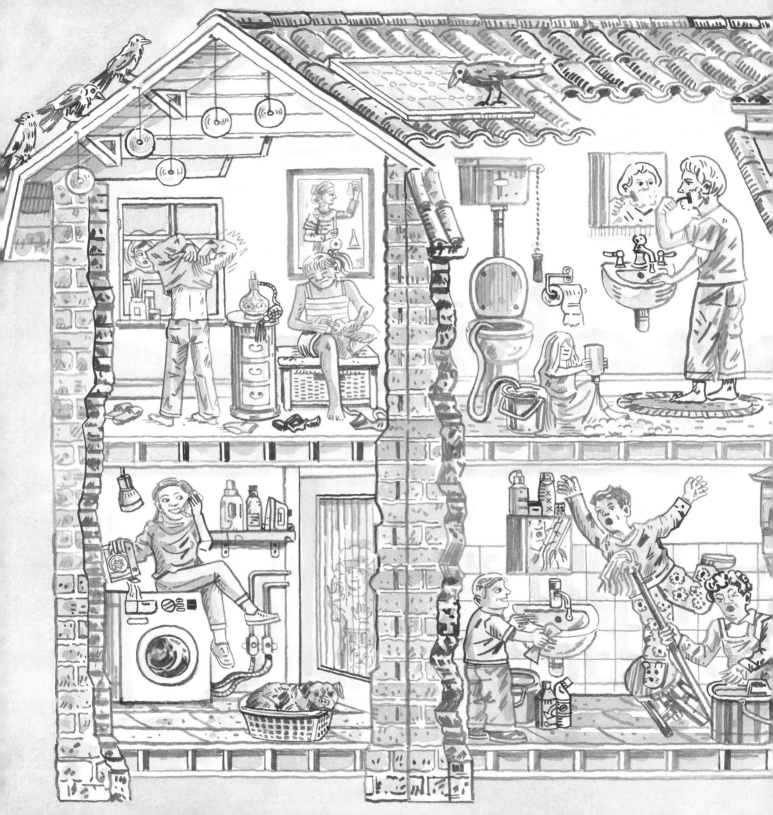

家

法則 アンペールの法則
Ampère's law

電流が流れている2本の電線間の引き合う力について説明する法則。洗濯機では、この力を基にした電磁弁を用いることで給水を制御している。

 ### 法則 熱力学第二法則
Second law of thermodynamics

この法則は、エントロピーの変化（12ページを参照）を説明するだけではなく、そこにエネルギーが投入されない限り、熱は温かいものから冷たいものに渡されることを示している。ホットコーヒーの熱は周囲の空気へと放出されてうばわれ、コーヒーはだんだん冷める。

法則 ローレンツ力の法則
Lorentz force law

磁場の中で電流にはたらく力を示す法則。洗濯機の中にあるような、電気モーターの基礎となった。

 ### 現象 酸
Acid

酸は、他の原子から電子対を受けとったり、過剰な陽子（水素イオン）を与えたりすることで作用する。酢やクエン酸のような酸は、このような反応で水垢（炭酸カルシウム）を落としている。

法則 パスカルの原理
Pascal's principle

容器に入っている液体の一部に加えられた圧力は、他のどの部分にも同じ大きさで伝わることを示す法則。油圧式のリフトの基になっているこの原理は、シャンプーのボトルの側面を強く押すと中身が出てくる仕組みも説明するものだ。

 ### 現象 アルカリ
Alkali

水溶性の塩基であるアルカリは、他の原子に電子対を与えたり、陽子（水素イオン）を受けとったりすることで作用する。例えば、水酸化物イオンから水を生成する。アルカリを含む洗剤は油脂と反応して石鹸のような物質になる。

現象 静電容量方式スクリーン
Capacitive screen

タッチスクリーンは画面の下にある部品の静電容量（電気を蓄える能力）の変化で指の位置を検知している。タブレットのタッチスクリーンはこの静電容量方式だ。

現象 煙突効果
Chimney effect

煙突の下に外気よりも高い温度の空気があると、それが煙突の中を上昇していく現象。その時一緒に煙も引っ張られて屋外へ出ていく。

現象 触媒反応
Catalysis

触媒はそれ自体が消費されることなく、化学反応速度を速める。洗濯に使うバイオ洗剤には、酵素とよばれる天然由来の触媒が入っていて、これが汚れを分解するのを助けている。

現象 結露
Condensation

空気中の水蒸気が冷たい表面に触れると凝縮し、液体の水になる現象。窓ガラスは外気と接して冷たくなっているため、バスルーム内の高温多湿の空気が触れる側は曇り、水滴がたくさん付く。

現象 重心
Centre of gravity

重力下にある物体は、すべての質量がこの点に集中しているかのようにふるまう。男の子の重心は片一方に寄っていて、ひっくり返りそうになっている。

現象 宇宙線
Cosmic rays

地球には、宇宙線とよばれる宇宙空間からの高エネルギー粒子が絶えず降り注いでいる。この荷電粒子がコンピューターのメモリやプロセッサに衝突すると、データ情報の最小単位である"ビット"の値を反転させて、誤作動を起こし、情報が破壊される。

現象 チェリオ効果
Cheerios effect

小さな浮遊物が互いに引き寄せ合う傾向を持つことを示す効果。液体の表面は容器や浮遊物の縁で、表面（または界面）張力によって、他の部分よりも高くなったり低くなったりする。浮遊物はその微妙な高さの変化を感じとって移動する。その結果バスタブのアヒルは群れとなって浮いている。

現象 溶解
Dissolution

バスソルト（入浴剤）の化学結合は比較的弱い結合なので、お湯の中で簡単に結合が外れてしまう。14ページの「溶解」の項目を参照。

現象 電磁気力
Electromagnetism

自然界に存在する基本的な四つの力のうちのひとつで、電気や磁気に基づく力のこと。原子の内部はスカスカだが、表面にある電子はすべてマイナスの電気を帯びているので、電磁的に反発する。身のまわりの物体を触って確認できるのも、犬が地中に沈んでしまわないのも電磁気力のおかげだ。

現象 紅斑（発赤）
Erythema

炎症やけがなどで血流が増加した時に皮膚が赤くなる現象。この人はモップバケツの熱いお湯で手が赤くなっている。

現象 蒸発
Evaporation

液体表面で、動きの速い分子が、分子間の引きあう力から抜け出して気体になること。お湯の温度が高いこの場所は、水分子が激しく運動しているため、かなりの量の蒸発がある。

現象 気化冷却
Evaporative cooling

液体が表面から蒸発する時、エネルギーが奪われて、表面温度を下げる現象。このとき奪われるエネルギーを気化熱という。肌が湿っている人が震えているのは、気化冷却のせいだ。

現象 フィードバック効果
Feedback effect

ある動作によって生じた結果をもとに動作を修正すること。セントラルヒーティングのサーモスタット（温度自動調節器）において、設定した温度に室温が達すると温度がふたたび低下するまでボイラーの燃焼が止まるのは、フィードバック効果だ。

現象 ファイゲンバウム定数
Feigenbaum number

自然界で観察できるカオス系の定数。蛇口から水滴の落ちるポタッポタッというリズムは、蛇口を緩め流出量を増やしていくと、ある流出量を境に階段状に変化することを繰り返す。リズムが変わるまでに必要な流出量の増加分は、ファイゲンバウム定数にしたがって減少していく。

現象 断熱
Insulation

熱伝導率の低い素材を用いて、熱を逃がさないようにすること。ガラス板の間に空気の隙間がある二重ガラスの窓は、断熱材として機能する。

現象 ケイ効果
Kaye effect

ボトルに側面から力を加えると小さな注ぎ口（プッシュプルキャップ）からキレよく出てくる、食器洗い洗剤のような液体で見られる現象。力を加えられたり流れが速くなったりすると粘度が小さくなるような液体を平たい面に注ぐと、一時的に上向きの噴流をつくりだすという効果。

 液晶
Liquid crystals

液体と結晶の中間のような物質のこと。液晶には、電圧をかけると光の振動する方向を変えられるものがあり、特定の振動方向を持つ光のみを通すことで、光の通る量を制御できる。光の三原色（赤・青・緑）の強度を制御することで様々な色を表示する。

部分反射
Partial reflection

透明な物質にあたった光子（フォトン）のいくつかは反射し、残りは通過するという現象。量子効果のひとつである。ほとんどの光子はガラス窓を通過するが、いくらかは反射して戻ってくる。窓の外が家の中より暗いと、外からの入射が少ないため、反射した自分の姿を見ることができる。

マクスウェルの色の三角
Maxwell's colour triangle

赤、緑、青色の光をどれくらいの強度で合わせれば様々な色を表現できるかを示すもの。スマートフォンのようなカラー画面は、赤、緑、青を一組にした微小な部分、画素（ピクセル）が敷き詰められていて、画素1個1個が色をつくり、全体として画像をなしている。

光電効果
Photoelectric effect

半導体をはじめとするいくつかの材料や金属が、光を当てると吸収して電子を放出し、電流を生みだす現象。ソーラーパネルは太陽光から電力をつくりだす。

機械効率（利得）
Mechanical advantage

加えた力に対する結果としてでる力の比のこと。"てこ"は、加えた力をより大きな力に変換できる。ピンセットもてこの一種だが、こちらは大きな力を出すのではなく、細かい操作をするのに適した構造で、機械効率は1より小さくなっていて、力は得をしない。

最小作用の原理
Principle of least action

物体の運動は、作用を最小化するような経路をとるという原理。作用は運動エネルギーと物体の位置によって決まる位置エネルギーの差から決まる量である。シャワーヘッドから出た水滴の経路である放物線はこの原理に従っている。

不透明性
Opacity

光を通さないで吸収してしまう性質のこと。光が物体に吸収されて、再放出されずに、その先のものが透けて見えるのを防ぐことができる。タオルは、布が不透明性をもつため、その下にあるものを隠すことができる。

量子電磁力学（QED）反射
QED reflection

量子電磁力学では、光の反射を粒子である光子（フォトン）がたどった可能性のある経路の重ね合わせとして説明する。CDに見える虹色も、回折と干渉という波の性質としてではなく、ピットという微細な構造が粒子の反射を遮り、取りうる経路を減らした重ね合わせの結果である。

現象 量子トンネル効果
Quantum tunnelling

電子や光子などの量子は、波としての性質も持つため、障壁を破壊したり、乗り越えたりするエネルギーがなくても、いくらかの確率ですり抜けることができるという現象。フラッシュメモリーのメモリスティックはこの量子トンネル効果を利用して情報を記録している。

現象 放射能
Radioactivity

大きくなりすぎたなど、不安定になった原子核が崩壊する過程で放射線を放出する性質。煙探知機には、この放射線のイオン化作用を利用して煙を探知しているものがある。

現象 反響
Reverberation

音が障壁で反射することで、もとの音に遅れて聞こえること。洗面所のタイル張りの固い壁は、歌声を反響させるので上手く聞こえる。

現象 シャワーカーテン効果
Shower curtain effect

シャワー中にシャワーカーテンが内側に膨らむ現象。これは水の流れが気圧を低下させるためだと考えられている。シャワー中の男性の方へとカーテンが動いている。

現象 サイフォン
Siphon

重力と水面の高さの違いで生じる圧力差を利用して液体を運ぶ方法。出発地点が最終地点よりも高ければ、途中経路によらず液体を運べる。便器の中には、排水路がU字に曲がっていて、サイフォンの効果を用いることで水を勢いよく吸い込み汚物を流すものがある。

現象 鏡面反射
Specular reflection

光が鏡で反射するような古典物理学的な波の反射現象。光が入射する同じ角度で反射が起こる。鳥は窓に映る自分の姿を鏡面反射で見ることができる。

現象 強い相互作用
Strong interaction

この世界に存在する四つの基本的な力のひとつ。強い相互作用は、原子核の中で陽子と中性子をかたく結び付ける力である。物質の質量のほとんどは強い相互作用のエネルギーによるもので、人の体重の大部分も、原子の中の強い相互作用によるものだ。

現象 表面張力
Surface tension

液体の表面で表面積をできるだけ小さくするようにはたらく力。水のような液体の分子は液中では周囲に存在する分子と互いに引き合っているが、その表面では引き合う方向が液体内部からに限定されることによる。蛇口の水滴がまるくなろうとするのも表面張力のためだ。

 現象 温度
Temperature

物質の熱エネルギーの尺度のひとつ。原子や分子の動きや振動が速いほど、温度は高くなる。お風呂の温かいお湯の中では、冷水中よりも水分子が速く動いている。

現象 ベンチュリ効果
Venturi effect

流体がくびれて狭くなった部位を通過すると、圧力が下がり速度が上がる現象。香水を入れるアトマイザーは、ベンチュリ効果によって細かい霧状の液滴を噴射する。

 現象 半透明
Translucence

ある程度光を通すが、光子を散乱させてしまうため、むこう側がはっきりとは見えないこと。このドアの曇りガラスは半透明の素材だ。

現象 虚像
Virtual image

実際には存在しなくても物体が存在しているのと同じ光線が目に入ると見える像のこと。鏡の中に写っている像は、実体はないが、映っているものが鏡の表面から離れているのと同じ距離だけ鏡の後ろにいるように見える。そのため髭を剃っている男性の姿は鏡の後ろにいるように見える。

 現象 透明
Transparency

比較的少ない光子しか吸収せず、新たな方向に再放出しないため、大きな散乱を起こすことなくほとんどの光を通すこと。ガラスが透明なのはこうした理由から。

現象 渦
Vortex

中心軸のまわりを回転する、流体の流れのこと。排水口から流出する水は渦をつくる（この程度の大きさと持続時間の渦の方向は地球の自転の効果はほとんどはたらかないため、よく言われるような「排水口の渦の向きによって自分が北半球にいるか南半球にいるかが分かる」というのは作り話だ）。

 現象 摩擦電気効果（静電気）
Triboelectric effect

原子の外側の電子が移動しやすい素材をこすることで、電気がつくられる現象。男性のシャツの人工繊維は、摩擦で帯電しやすいため、脱ぐときにわずかな電気ショックを引き起こしている。

 現象 輪軸
Wheel and axle

輪軸はてこの原理のように、外側（輪）でかけた力を内側（軸）で大きくする道具。トイレットペーパーを引っ張ると、軸にロールをまわすのに十分な力がかかるが、紙にかかる力は小さいので紙が切れない。

ガーデン・パーティー

絵の中からさがしてみましょう

運動量保存則　　ロータス効果　　グリーンフラッシュ　　スーパームーン　　超撥水性

ガーデン・パーティー

法則 アボガドロの法則
Avogadro's law

温度と圧力と体積が等しいすべての気体には、同じ数の分子が含まれるという法則。風船の中のヘリウム分子は、空気中に存在する他の気体の分子よりも軽い。風船に同じ数の分子が入るとしたら、ヘリウム入りの風船は、普通の空気を入れるより軽くなるため浮いている。

法則 ブルースターの法則
Brewster's law

光がある角度で物体に当たった時、偏光のみが反射するという法則。偏光とは、振動方向が進行方向に対して一定の平面に限られる光の波のこと。プールの水面で反射した光は偏光である。

法則 ブンゼン＝ロスコーの法則
Bunsen–Roscoe law

光化学反応（光の吸収によって起こる化学反応）を起こす物質の反応は光の強さと照射時間によって決まるという法則。私たちが眼でものを見る、網膜での視覚情報受容の仕組みは光化学反応だ。薄明時に、物の詳細を見るのに苦労するのは、十分な光がないためだ。

法則 運動量保存則
Conservation of momentum

物体の質量に速度をかけたものである運動量は、常に保存するという法則。運動量の総量は変わらないということなので、ブランコに乗った女の子がぶつかると、女の子は運動量を失って、ぶつけられた男の子はその運動量をもらう。

法則 熱力学第一法則
First law of thermodynamics

熱力学第一法則によると、系のエネルギーは保存される。女の子は、摂取した栄養分に由来する化学エネルギー（食物の化学結合のエネルギー）を、運動エネルギー（ブランコを漕ぐエネルギー）と位置エネルギー（ブランコが高い位置にある時の重力による位置エネルギー）に変換しているといえる。

法則 ゲイ・リュサックの法則
Gay-Lussac's law

体積一定のもとで、気体の圧力は温度によって変化するという法則。花火に点火すると、密閉された中で化学反応が起こって高温になり、気体が高い圧力になるため、火薬を収めた花火の殻は木端微塵に破裂する。

フックの法則
Hooke's law

ばねを伸ばしすぎない範囲において、ばねを伸ばすのに必要な力は、ばねが伸びるほどに大きくなるという法則。パチンコのゴムをさらに後ろに引っ張るには、男の子はもっと強く引かなくてはならない。

現象 同素体
Allotropes

同じ元素からできているが、異なる構造や性質を持つもののこと。バーベキュー用の炭は、ダイヤモンドやグラファイト（黒鉛）と同じ、炭素の同素体のひとつだ。

ル・シャトリエの原理
Le Châtelier's principle

平衡移動の原理ともよばれる。系に変化が生じると、その変化を抑えるように反応が進み、新しい安定な状態（平衡状態）へ移るという法則。ビンを振ると中の気体の圧力が上がり、フタを開けると液体が吹き出して中の圧力を下げるというのもこれに当たる。

現象 異方性
Anisotropy

方向に左右される特性のこと。木目に沿って薪を割るのが楽なのは、木が異方性を持つからだ。

ニュートンの第三法則
Newton's third law

すべての作用（力）は、大きさが等しく向きが逆の反作用（力）をもつという法則。作用反作用の法則ともいう。ロケット花火は後部から推進剤を噴出し、その反作用としてロケットは空へと上昇する。

現象 黒体放射
Black body radiation

黒体とは当たった光をすべて吸収する理想的な物体のこと。通常は黒く見え、加熱すると温度に応じた特定の色の光を放射する。バーベキューで使う木炭の温度が低いときは赤く、よく燃えると青白く光るのは黒体放射にとてもよく似ている。

熱力学第二法則
Second law of thermodynamics

熱力学第二法則によると、熱は温かいものから冷たいものへと移動する。この場合は、熱いソーセージから男性の手へ熱が伝わっている。

現象 キャビテーション
Cavitation

液体の中の泡が壊れた時に、強い衝撃波が生じる現象。シダはこのキャビテーションの効果を利用して高速で胞子を放出する。

現象 化学発光
Chemiluminescence

化学反応によって光を放出する現象。使う時にポキンと折ると光るスティック状のケミカルライト（サイリューム）は、ケミルミネッセンスによって発光している。折ると内部の化学物質が混ざり化学反応が起こることで発光する。

現象 蛍光性
Fluorescence

光を吸収し、異なる振動数（色）で再放出する性質のこと。花の中には紫外線を吸収して、目に見える可視光域で蛍光を発するものがある。そういう花は夕暮れ時には予想以上に明るく見える。

現象 カクテルパーティー効果
Cocktail party effect

たくさんの人が話しているような混み合った場所で、会話を聞き取ることができるという、脳のもつ機能による効果。この効果のおかげで、賑やかなパーティであっても各々が会話を楽しめる。

現象 グリーンフラッシュ
Green flash

太陽が水平線や雲間に沈むとき、屈折とよばれる光学的効果として、一瞬、緑色の光が煌めくこと。これは沈みゆく太陽の上端から、光の一部の色が、瞬間的に分光するためだ。

現象 エコロケーション
Echolocation

物体の位置を感知するために音の反射を用いること。光に乏しい状況で虫をつかまえるために、コウモリは高い音を発して、その反射から虫のいる場所を感知している。

現象 排水《植物》
Guttation

植物の中には、根から吸収した水分の余剰を、夜間に水滴として排出するものがある。芝やイチゴはこのような排水を行う。

現象 フィボナッチ数
Fibonacci number

0, 1, 1, 2, 3, 5, 8, 13, 21 と、各数が前二つの数の和である数列。ひまわりの種はフィボナッチ数のパターンで配置されている。

現象 ハーモニックス（倍音）
Harmonics

楽器は純粋な音を奏でることはまれで、異なる音が調和したハーモニックスによって、その楽器の特徴的な音色をつくりだしている。ハーモニックスは同じ音符を奏でてもサックスとキーボードで音色が違って聞こえる理由だ。

 縦波
Longitudinal waves

振動方向が、進行方向に対して直角ではなく、沿っている波のこと。音は空気中を縦波として伝わる。このとき空気はアコーディオンのように、ぺちゃんこになったりふくらんだりしている。

現象 月の錯視
Moon illusion

木やビルや地平線近くにある月が、高く上った月よりも大きく見えること。夜空の写真で月が驚くほど小さく写るのはこのためだ。

 ロータス効果
Lotus effect

ある種の天然の素材が持つ、表面が水をはじくことで水滴ができ、転がる水滴が埃を取り去る自浄性のこと。スイレンの葉には、このロータス効果がある。

現象 負圧
Negative pressure

ある気体の圧力が他よりも低い時、相対圧力は負の値で表すことができる。男の子が吸うと、ストローの先の圧力は液体表面の大気圧よりも低くなる。これが負圧である。負圧になることで飲み物はストローを上っていく。陰圧ともいう。

 低照度での視界
Low-light vision

暗いところでは、杆体とよばれる眼のなかの、より敏感な視細胞が優位にはたらく。色を感じる錐体とは違い、杆体はモノクロの明暗しか感知しないので、暗闇でリンゴの色を知ることはできない。

現象 夜光雲
Noctilucent clouds

高いところにある雲は、太陽が他の雲や地平線に隠れてしまっても、まだ太陽の光で照らされ続けることができる。このような雲を夜光雲という。

 メンデルの法則
Mendelian inheritance

親の特徴をもとに、それが子孫へどのように伝わるかという遺伝に関する法則。ここにあるようなエンドウ豆での実験で、グレゴール・メンデルは遺伝の法則を見いだした。

現象 就眠運動
Nyctinasty

夜のとばりが下りるときの植物の運動。こんなふうに夜になると花弁が閉じて就眠性を示す花がある。しかし、このことが植物にとってどんな利益になるのかは明らかになってはいない。

現象 浸透
Osmosis

液体が膜の一方から他方へ、溶質（溶けている物質）の濃度が高い方へと移動する現象。植物に水をあたえると、浸透の作用によって、根は土壌から水を吸収する。

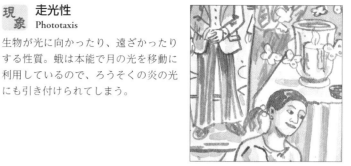

現象 走光性
Phototaxis

生物が光に向かったり、遠ざかったりする性質。蛾は本能で月の光を移動に利用しているので、ろうそくの炎の光にも引き付けられてしまう。

現象 ウーゾ効果
Ouzo effect

アルコールに溶かした一部の油に、水を加えると濁った液体ができる効果。水の中に、油の微細な液滴が混ざった状態である、エマルション乳濁液が形成されるためである。ギリシャ特産の無色透明な蒸留酒ウーゾが、水割りにすると白濁することに由来する。

現象 プラズマ
Plasma

固体・液体・気体に続く物質の4番目の状態。プラズマは気体に似ているが、気体にエネルギーを加えることで分子が電離した、陽イオンと電子が混在する荷電粒子でできている。ろうそくの炎にはプラズマが豊富に含まれている。

現象 視差
Parallax

異なる距離にある物体の、見かけの動きが異なること。近いものほど視差は大きく、遠いものは小さい。子どもたちが走っていると、月が後をついてくるように見えるのは、近くの木やフェンスがより早く過ぎ去っていくように見えるためだ。

現象 偏光フィルター
Polarising filter

偏光フィルターは特定の方向に偏光（32ページのブルースターの法則を参照のこと）した光をカットする。女性のかけているサングラスの偏光フィルターは、反射光を減じ、眩しくないように調整されている。

現象 光電効果
Photoelectric effect

半導体や金属に光が当たると、電流が発生する現象。暗視ゴーグルは、可視光と赤外線の両方を取り込み、この効果を利用して電気信号を発生させている。目に見えない赤外線を含む信号をすべて可視光に変換することで、真っ暗闇でも物を見ることができる。

現象 自己組織化臨界現象
Self-organised criticality

自然界の系の中には、臨界点を迎えると急激に変化する（急激な連鎖反応という組織化が起こる）ものがあり、そのような系や現象をいう。砂山に砂粒を追加していくと、いつかの時点で、山が高くなりすぎ、砂山は突然崩壊してしまう。こうしたことから砂山には自己組織化された臨界があるといえる。

現象 自己相似性
Self-similarity

フラクタルとして知られる構造は、自己相似性を持つ。自己相似性とは、物を詳しく見た時に、細部と全体構造が相似であることを意味する。シダの葉はシダ全体と似ているので、シダは自己相似性を持っているといえる。

 ### 現象 スーパームーン
Supermoon

月の軌道が地球に最も近い位置で満月になると、通常よりも 14％も大きい満月になる。そのような月をスーパームーンという。スーパームーンは月の錯視（35 ページを参照のこと）をより大きくする。

現象 分光法
Spectroscopy

物質を加熱した時に放出されるそれぞれの物質特有の光のスペクトルで、その化学元素を識別する方法。そのような分光の効果を利用して、花火職人は適切な化合物を用いることで、様々な色の炎をつくりだしている。

現象 表面張力
Surface tension

表面の水分子が内側の水分子との間で生じる引力を表面張力という。水分子はお互いに引き合う性質をもつため、障害物がない場合は球状の水滴になりやすい。女の子の鼻の上に水滴ができたのは、表面張力によるものだ。

現象 定在波
Standing waves

環境条件によって、移動せずに同じ場所で振動する波のこと。特定の振動数を持つ波が増大できるような構造でつくられる。ミュージシャンが奏でるサックスは管の中で生じる定在波によって音程をつくっている。

現象 超撥水性
Ultra-hydrophobicity

一部の物質が持つ、特に優れて水をはじく性質のこと。アメンボの脚には、多数の毛が生えていて、それによって水をはじいて水面をすいすいと歩くことができている。

現象 夕焼け
Sunset

太陽高度が低くなるにしたがって、その色が黄白色から赤色へと変わること。これは光がより長い距離、大気の中を通過することで生じる。途中でより多くの青色の光が散乱してしまうことで、赤色やオレンジ色の光が眼に見えるようになるからである。

現象 波の波長
Wavelength of waves

波はその振幅（大きさ）と、波長（波の山から山まで、あるいは谷から谷までの距離）によって定義される。犬をつないでいる綱は両端が固定されているので、綱に存在できる波の波長は限定される。このことは綱を弾いたときに発生する音を決めることになる。

科学館

絵の中からさがしてみましょう

DNA の構造　　原子の構造　　ホログラム　　マイスナー効果　　シュレディンガーの猫

$$\mathcal{E}=mc^2$$

$$\frac{-\hbar^2 \partial^2 \Psi}{2m\partial x^2}=i\hbar\frac{\partial\Psi}{\partial t}$$

SCI

TESLA

I		II	III	IV	V	VI	VII	
H					N	O	F	
Li	Be	B		C				VIII
Na	Mg	Al	Si	P	S	Cl		
K		Ti	V		As	Se	Br	
Cu	Zn						I	
Sr	Y	Zr	Nb	Mo		Te		
Rb	Cd		Sn	Sb		W		
		Ta						
Cs		Ti						
Ba								

40

41

科学館

 ボルンの法則
Born's law

ある場所で粒子が見つかる確率を、粒子の状態を表す波動関数から決定する、量子力学における基本原理。欠けた部分のある鏡は、フォトンの反射の確率分布が変わるため、光は思いがけない角度ではねる。存在を確率でしか表せない粒子の、その確率分布自体は、原因と結果がある因果関係で決まることを示す。

 化学的周期性（周期律）
Chemical periodicity

元素を原子番号順に並べた時、性質が周期的に変化するという法則。元素の反応性は、原子の最も外側にある電子の数で決まる。電子は、原子核のまわりにある電子殻とよばれる層構造を内側から埋めていくため、元素の性質に規則的なパターンが表れる。これを表の形にしたのが周期表だ。

 電荷保存の法則
Conservation of charge

ある系での電荷の総和は変わらないという法則。ヴァン・デル・グラーフ発電機は、金属からゴムベルトに電子を移動させることでドームに電荷をためて、放電の実験に使われる。

 フェルミの黄金律
Fermi's golden rule

半導体中の電子がエネルギーを失い、発光する確率を説明する法則。この法則は、LED電球の明るさを決定する。

 パウリの排他原理
Pauli exclusion principle

ある系の中の二つの電子が同じ状態になることはないという原理。具体的には、まったく同じスピンやエネルギーを持つことはない。この原理は、壁に描かれた回路図に見られるコンピューターチップの動作を説明するものだ。

 素粒子物理学の標準モデル
Standard model of particle physics

この世界にある重力を除くすべての物理的な力（強い相互作用、弱い相互作用、電磁気力）と物質に関与する17個の素粒子について記述する理論。粒子加速器での粒子の衝突実験で、理論上で予測された多くの粒子が実際に生成され確認されている。

 法則 熱力学第三法則
Third law of thermodynamics

絶対零度（−273.15℃）には到達できないという法則。断熱消磁冷却法やレーザー冷却法などの冷却装置によっても絶対零度に極めて近い温度に到達することはできるが、決して届くことはない。

現象 原子の構造
Atomic structure

原子は、中心にある小さくて密度の高い原子核と、その外側のぼやけた雲の中に電子があるほかは、ほとんどが空っぽな空間だ。「太陽系」のような図は、電子は惑星のように軌道を回っているわけではないので本当は不正確だが、なじみのある表現になってしまっている。

 法則 不確定性原理
Uncertainty principle

エネルギーと時間のような、対となる特性を結びつける量子物理学の原理。片方を正確に求めようとすると、もう一方が不正確になってしまうという観測上の限界を説明する。真空中に微小な間隔だけ離された金属板は、エネルギーのゆらぎによって一時的に生成された粒子のせいで引き合う。

 現象 ボース＝アインシュタイン凝縮
Bose–Einstein condensate

相互作用しないボース粒子の集団である理想ボース気体は、絶対零度になると全粒子が運動量ゼロの最低エネルギー状態になるという現象。近年実験によって、ボース粒子である光子を一時的にボース＝アインシュタイン凝縮の状態に保持し、静止させることに成功している。

 現象 アモルファス固体
Amorphous solid

多くの固体は、規則的な原子配置をもつ結晶だ。しかし、そういったパターンのないごちゃごちゃした構造のものをアモルファス固体という。ガラスは典型的なアモルファス固体だ。

 現象 放射性炭素年代測定
Carbon dating

炭素の多くは炭素12だが、放射性同位体の炭素14（^{14}C）もある。生体内に取り入れられた放射性元素は、死骸となると時間とともに崩壊していくので、現在の量を測ると試料が形成された時期を推定できる。炭素14の量は、加速器質量分析計で測定することができる。

 現象 原子核
Atomic nucleus

原子の質量のほとんどは、原子の中心にある原子核に集中している。この実験を説明する模型では、金箔に向かって粒子を発射する。粒子のいくらかがはね返ってくることで、原子核の存在を証明している。

 現象 カシミール効果
Casimir effect

不確定性原理（本ページ左上参照）は、何もない空間に粒子が一時的に生成されたり消滅したりするとしている。その結果として生じる、真空中で微小な距離を隔てた金属板が引き合う現象を「カシミール効果」という。この現象は、量子の世界での現象を、顕微鏡下とはいえ十分に巨視的に実証している。

現象 分岐学
Cladistics

生物種の共通する形質が、遺伝的に共通な祖先によるものと仮定して分類する学問。この図は、異なる種が、共通の祖先からどこで分かれていったかを示している。

現象 ドップラー冷却
Doppler cooling

極低温をつくるための冷却法。ある速度で動く原子に、進行方向の逆から原子が吸収する波長より少し長い波長の光をあて、ドップラー効果によって吸収する波長に近づける。吸収によって与えられる運動量は、元とは逆向きなので速度が低下する。このスケールでは、速さは温度と同じ意味を持つため冷却が起こる。

現象 結晶性固体
Crystalline solid

多くの固体は、原子が規則的につながったパターンを繰り返す結晶だ。炭素はいくつもの結晶の形状を持っていて、鉛筆の芯に使われる光沢のある黒いグラファイト（黒鉛）もそのひとつだ。

現象 $E = mc^2$
$E = mc^2$

アインシュタインは、質量とエネルギーは交換可能な関係であることを、この有名な方程式で記述した。ここで、E はエネルギー、m は質量、そして c は光速である。

現象 年輪年代学
Dendrochronology

年輪はそれぞれ木の 1 年間の成長を表しているので、年輪を数えることで木の年代が分かる。これは炭素年代測定と比較して修正するためにも使われる。

現象 グラフェン
Graphene

グラフェンは炭素だけからできた原子 1 個分の厚さのグラファイト（黒鉛）の層で、特別な量子特性を持つ。非常に導電性が高くそして強靭なのだ。グラフェンが最初に作成された頃は、セロハンテープでグラファイトの薄層を剥がしてつくられた。

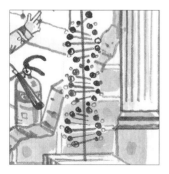

現象 DNA の構造
DNA structure

DNA の役割を理解するために、その構造を解明することが極めて重要であった。DNA の構造模型は、らせん階段のような二重らせん構造を見せている。

現象 ホログラム
Holograms

一対のレーザーによるスキャンによって生成される 3 次元画像のこと。このトラは平面だが適切な照明によって立体感があるように見える。

 多世界解釈
Many worlds hypothesis

量子の奇妙さを説明しようとする試み。一つ以上の起こりうる結果が存在する時、それぞれが別の世界で生じるということを提案するもの。ある世界では猫が死に、別の世界では生きているというようなことである（シュレディンガーの猫、46ページを参照）。

現象 QED
QED

量子電磁力学（QED）は、光と物質の相互作用に関する科学。ファインマン・ダイアグラムは素粒子と光子の相互作用を表している。

 マイスナー効果
Meissner effect

ある種の素材を絶対零度近くまで冷却すると、電気抵抗がなくなり超伝導になるという現象。それらは磁場に反発するので、マイスナー効果によって磁石は素材の上に浮かぶことができる。

現象 量子エンタングルメント
（量子もつれ）
Quantum entanglement

二つの量子がどのような距離にあっても瞬時に相互作用するという現象。量子エンタングルメントは、秘密のメッセージを暗号化するためのランダムな値を配布するのに用いることができる。

 メタマテリアル
Metamaterials

人為的に性質を変化させた素材。例えば、光を水とは反対の方向に曲げる、負の屈折率を持つ特殊な素材など。そのような素材は物体の周囲で光を曲げるので、特殊レンズや透明マントに使用されている。

 量子スピン
Quantum spin

量子が持つ特性のこと。スピンといっても、実際の回転をともなうものではなく、測定した時には、上下ただ二つの方向を持つものだ。子どもたちが見ているのは「シュテルン＝ゲルラッハの実験」。これは、ビームを磁場の中に通すことによって量子スピンを検出する実験だ。

 プランク定数
Planck's constant

光子のエネルギーと振動数（色）を結びつける自然界の定数。光子の持つエネルギーは、振動数にプランク定数をかけたものになる。デジタルカメラやスキャナーなどに使われている光電効果は、光子のエネルギーから色を検知している。

 量子の重ね合わせ
Quantum superposition

量子は、測定される前であれば異なる状態になる確率を持っている。これは状態の重ね合わせである。シュレディンガーの猫の実験（46ページを参照）では、粒子が崩壊している状態としていない状態の重ね合わせによって結果が制御されている。

現象 量子トンネル効果
Quantum tunnelling

障壁の反対側に既に量子が存在する確率があるため、量子が止まるはずの障壁を通過する効果のこと。実験では、二つのプリズムの隙間を光子がトンネル効果で通り抜ける。

現象 シュレディンガーの猫
Schrödinger's cat

量子力学の有名な思考実験。猫の入った箱に放射性粒子が崩壊すると毒薬が放出される仕掛けがしてある。粒子の崩壊は箱を開けて観測するまでは、"崩壊している／していない"の二つの状態を同時に取りうるため、猫も"生きている／死んでいる"の両方がともに存在しているというもの。

現象 クォークの閉じ込め
Quark confinement

原子核をなす陽子や中性子を構成するさらに小さい粒子であるクォークは、強い相互作用によって結びあわされているため、単独で取りだすことはできないということ。量子加速器はこの閉じ込めを克服するために、非常に大きなエネルギーを使う。

現象 シュレディンガー方程式
Schrödinger's equation

様々な位置で量子が見つかる確率を示す方程式。量子の位置は確率の波で表現されるため、二つのスリットを事実上通過し、それによって干渉が起こる。そのため明暗のパターンが発生する。

現象 放射性崩壊
Radioactive decay

原子の中には、原子核が不安定なものがあり、安定化のために、原子核が壊れて粒子や電磁波を放出する。これが核放射線の発生源であり、放射性崩壊という現象である。放射性崩壊は、シュレディンガーの猫の実験の結果を引き起こす元となっている。

現象 特殊相対性理論
Special theory of relativity

アインシュタインによる、時間と空間を結びつける理論。物体が速くなると、時間はゆっくりと流れ、質量は大きくなるというもの。粒子が光速に近付く状況では、この影響が顕著に現れる。

現象 屈折
Refraction

光の進路が速度の異なる物質の間を通過する際に曲がる現象。鉛筆が空気と水の境界である水面をはさんで曲がって見えるのは、水の中で光の速度が遅くなるからだ。

現象 光の速さ
Speed of light

光の速さは媒質の中で一定である。図はレーザー装置と検出器を使った測定。レーザー装置から検出器までの距離を、光は1秒間に約299,700キロメートルの速さで通過する。

現象 誘導放射
Stimulated emission of radiation

エネルギーの高い状態の原子に光をあてることで、原子が光を放出する現象。レーザーは、光子を使って原子の中の電子のエネルギーを高めたのち、さらに光子をあてて光を放出させる。光を増幅する装置またはその光のこと。

現象 バン・デ・グラーフ起電機
Van der Graaf generator

高電圧の電気を発生させる装置。起電機の電気をためた金属球に触れると、電荷が装置から人へと伝わって、髪の毛が逆立つ。

現象 超流動体
Superfluid

絶対零度に近づいたときに粘性がなくなる液体のこと。超流動体は、一度動き出すと止まることはなく、容器外へ流れ出てしまう。この絵のように狭い開口部があると自力で動く噴水ができる。

現象 粘度
Viscosity

粘度は"べたべたさ"の尺度である。最も粘度の高い物質にピッチ（天然樹脂や化石燃料に由来するようなほとんど固体に近いような粘度の高い液体の総称）がある。90年以上継続しているピッチドロップ実験では、まだ8回しか液滴が落ちていない。

現象 超光速
Superluminal speeds

光はトンネル効果によって障壁をほぼ瞬間的にすり抜けることができるため、媒質中の光の速さよりも速く移動する。プリズムをトンネル効果ですり抜けた光は、プリズムを通過する光の速さのほぼ4倍の速さに達したとする研究もある。

現象 粒子と波の二重性
Wave/particle duality

量子は波のような振る舞いをする。電子を使った二重スリット実験では、電子を一度に一個発射させる。光の場合と同じように、結果として干渉が起こり、干渉縞ができる。

現象 テスラコイル（誘導）
Tesla coil/induction

テスラコイルとは、高周波、高電圧を発生させる装置。高電圧の交流電流は、すぐ近くに強い電流を誘導する。女性が高電圧源に蛍光管を近づけると、蛍光管が光る。

現象 零抵抗
Zero resistance

絶対零度に近い温度で冷却すると、電気抵抗がなくなり、超伝導体になる物質がある。無限に電流が流れ続けるので、超強力な磁石をつくることができる。このような場合、測定しようとした電流計の針は表示目盛りを振り切ってしまう。

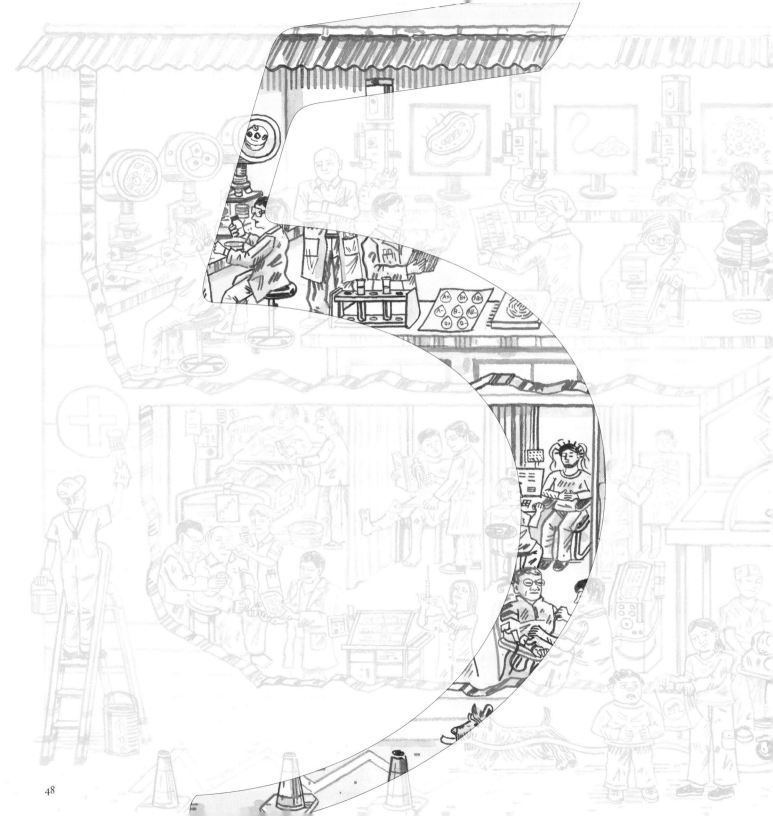

病　院

———— 絵の中からさがしてみましょう ————

心電図記録法　　麻酔　　ポワズイユの法則　　有糸分裂　　X線

病　院

法則 ポワズイユの法則
Poiseuille's law

注射針のような、細くて長い円筒の中を流体が流れる時の圧力変化を説明する法則。流体が単位時間に円筒を流れる量は、円筒の両端の圧力差に比例する。

 現象 有酸素／無酸素 運動
Aerobic/anaerobic exercise

ランニングのような有酸素運動は、規則的な軽めの運動で、酸素を用いて脂肪や炭水化物からエネルギーをつくりだす。無酸素運動は、一時的に大きな力を出す運動で、酸素なしにブドウ糖やグリコーゲンからエネルギーをつくりだす。この機器は有酸素運動の状態をモニターする装置である。

 現象 麻酔
Anaesthesia

痛みを伴わずに医療行為が行えるように、患者の覚醒状態や意識を低下させること。麻酔薬はガスの吸入や注射、経口で投与される。

 現象 血管新生
Angiogenesis

新しい血管が形成される過程のこと。男性の脚のけがが治癒するには、血管新生は必要不可欠だ。

 現象 反物質
Antimatter

元の粒子とそっくりで、電荷などの正負が逆な反粒子でできた物質のこと。物質と出会うとガンマ線を放出して消滅する性質を持つ。PET（陽電子放出断層撮影）スキャナーでは、患者に注入された反物質（陽電子）が、電子と相互作用して発生したガンマ線を検出する。

 現象 逆蠕動（ぎゃくぜんどう）
Antiperistalsis

逆蠕動は、蠕動運動とは逆方向の消化器系の輸送運動である。筋肉の運動の波が食べ物を移動させる。嘔吐は、十二指腸で生じた逆蠕動によって内容物が胃に逆流することからはじまる。

 聴診
Auscultation

体内の音から病状を診断すること。聴診器は医師の耳へ音を届けるのに用いられる、聴診のための一般的な道具だ。

 消化
Digestion

食べ物の大きな分子を、体が利用可能な小さな分子へ分解すること。食事をしているこの患者の消化器系の中でも、消化液中の消化酵素などのはたらきによって食べ物が分解されている。

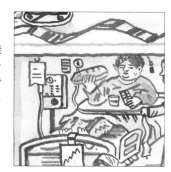

 血液型検査
Blood typing

血液は赤血球の表面にある抗原の種類によって分類される。安全な輸血を行うために、適した血液型を確認する検査は、絶対必要なものだ。

 DNA 鑑定
DNA fingerprinting

DNA のサンプルを比較することで、法医学的な試料を特定したり、親子関係を判定したりすること。DNA 指紋法や DNA プロファイリングという呼び名でも知られている。この人は、DNA を解析したバーコードのようなパターンを見ている。

CRISPR（クリスパー）
CRISPR

ヒトを含む生物の DNA を精密に編集する技術。標的とする塩基配列を認識して、その部分を切断したり、置換や結合をする。この技術は遺伝性疾患の治療に広く利用できそうだ。

 DNA 複製
DNA replication

DNA 分子の二重らせんが二つに分かれ、それぞれを鋳型にして、新しく DNA がつくられること。細胞分裂の際に起こる。分かれたそれぞれに完全な遺伝情報が含まれているため、鋳型となった元からあった DNA と新たにつくられた DNA は、同じ遺伝情報を持っている。

 透析療法
Dialysis

血液から余分な水分や老廃物を除去する治療方法。人工透析器は患者の衰えた腎臓のはたらきの代わりをする。

 心電図記録法
Electrocardiography

心電計（ECG）を用いて、皮膚に取り付けた電極から、心臓の電気的活動を測定し、心臓のリズムや機能の異常を検出する検査手法のこと。

現象　脳波記録検査
Electroencephalography

脳波計（EEG）を用いて、頭皮に付けた電極からの測定値をもとに、脳の電気的活動度を検出する検査。てんかんやその他の脳の疾患の診断に使用されている。

現象　内部共生
Endosymbiosis

生物が他の生物の中で相互利益のために活動すること。ミトコンドリアは細胞内でエネルギーとして利用されるATPを生産する小さな器官であるが、もとはバクテリアであったのが、内部共生関係で進化して現在の状態になったと考えられている。

現象　エピジェネティクス
Epigenetics

遺伝子はDNAのごく一部を構成しているに過ぎず、残りの大部分には、その遺伝子が機能するためのオンとオフのスイッチの仕組みが組み込まれている。この遺伝子「以外」のDNAの機能を研究する学問のことをエピジェネティクス（後成的遺伝学）という。

現象　真核細胞
Eukaryotes

私たちヒトを含む、動物や植物、菌類に見られる細胞のタイプ。真核生物の細胞には、細胞の中枢機能としての役割を持つ核がある。

現象　鞭毛（べんもう）
Flagellum

細胞から糸状に延びた運動性のある器官のこと。多くのバクテリアは、ATPのエネルギーを機械的な運動に変える分子モーターとよばれるタンパク質の構造を持っていて、鞭毛はそれによって回転運動をする。これはバクテリアの推進器としてはたらいている。

現象　遺伝子
Genes

生物が機能するために必要とする特定の分子、特にタンパク質を生成するために必要な情報を含んでいるDNA分子の部分のこと。このはたらきによって決定される形質が、親から子へと伝わる。

現象　止血
Haemostasis

出血を止めるための体の仕組み。血液が凝固してゼリー状の固体であるゲルを形成する。止血は、傷が治る最初の段階だ。

現象　恒常性
Homeostasis

生物が自らの内部環境を調整する、温度を調節するサーモスタットのようなはたらきをいう。ヒトを含む哺乳類は、体温を一定に保つために数多くの恒常性維持の仕組みを用いている。

現象 高血圧
Hypertension

動脈血圧が正常値を超えている状態のこと。血圧計は圧迫帯に空気を送って加圧し、ゆっくり空気を抜いていくときの血流音の変化で、最高血圧と最低血圧を測定する。

現象 減数分裂
Meiosis

個々の染色体（遺伝子を保持するDNAの分子）が分割し、再構成され、精子や卵子の遺伝物質となる遺伝プロセスのこと。核分裂を2回連続して行う結果、染色体数が半減するため、減数分裂という。染色体数は受精によって元に戻る。

現象 炎症
Inflammation

感染症やけがに対する体の防衛反応。免疫系が問題を取り除いて修復を開始しようとすることで、痛みや赤み、腫れを引き起こす。

現象 代謝
Metabolism

代謝とは、生体にエネルギーを供給し、老廃物を除去する過程の総称。患者が食べている食物は代謝のエネルギー源となる。

現象 点滴
Infusion

薬剤を含む液体を患者の血流や皮下に送り込む方法。少量を定期的に投与する際には、注射よりも適した方法だ。

現象 有糸分裂
Mitosis

真核細胞の核分裂の基本的なもの。核の中で複製が終わった染色体が二つに分離したのち核が分裂し、その後細胞が分裂して二つの細胞が生成される過程のこと。核分裂の過程で染色体や紡錘体といった糸状の構造が見られることからこうよばれる。

現象 クエン酸回路
Krebs cycle

ミトコンドリア内にある仕組みで、クレブス回路ともいう。糖質などのエネルギー源を、ATPを生成するための材料に変換する。

現象 チューリング・パターン
Turing patterns

生物の発生過程で、胚が成長するとともに、その生物固有の形ができていくことを形態形成という。数学者のアラン・チューリングは、シマウマや熱帯魚などの体表に現れる繰り返し模様が二種類の化学物質の相互作用として記述でき、形態形成を担っていることを数学的に証明した。

 神経伝達
Neurotransmission

神経伝達とは、脳内の神経細胞間で行われている、電気化学的なつながりによる伝達物質の受け渡しのこと。MRI（磁気共鳴画像）スキャナーは、神経の問題を特定することができる。

現象 原核生物
Prokaryotes

バクテリア（細菌）やラン藻類などの、核を持たない単細胞生物のこと。最も原始的な生物と考えられている。原核生物の細胞の構造を理解することは、抗菌研究に役立つ。

 核
Nucleus

膜（核膜）によって包まれた、真核細胞の中にある構造。球形で基本的に細胞ごとに1個ある。核には、細胞の染色体が格納されている。核分裂をしていない時の核内の染色体は、細長い糸状をしているが、これはDNAの巨大な一分子だ。

現象 タンパク質合成
Protein synthesis

タンパク質がつくられる過程のこと。タンパク質は細胞内でつくられ、生体内で様々な用途に使われている大きな有機分子だ。タンパク質の構造を理解することは分子生物学の中心的課題だ。

 バクテリオファージ
Phage

細菌を食べるという意味をもつ、細菌に寄生し増殖するウイルスのこと。しばしば、月面着陸機のような、奇妙な形をしているものが見られる。耐性を持つ細菌が増えた抗生物質の代替品として検討されている。

 プロトンポンプ
Proton pump

帯電したプロトン（H^+：水素イオン）を、ミトコンドリアの内膜や葉緑体チラコイド膜、細胞膜といった生体膜の一方から一方へ運び出す重要な生体機能分子のこと。プロトンポンプによって生体膜の内外に電位差ができることでATPを合成し、エネルギーを蓄えることができる。

 光受容
Photoreception

眼の中の特殊な細胞が光を検知する仕組み。医療の専門家が、検眼鏡を使って網膜を検査している。網膜には光受容体がある。

 反射
Reflexes

脳による介入を必要としない局所的な刺激への反応のこと。膝を軽く叩くことで、医師は患者の神経が正常に機能しているかをチェックすることができる。

呼吸
Respiration

体内に酸素を取り入れて栄養分と反応させエネルギーを取りだし二酸化炭素を排出すること。酸素ボンベには圧縮した酸素が入っていて、体が苦しい状況の時に追加の酸素を供給する。

ワクチン接種
Vaccination

感染症に対する自然な抵抗力を得るために、免疫システムを促進する物質を体内に投与すること。ウイルスには抗生物質が効かないので、ウイルスから体を防御するためにワクチン接種は重要だ。

超伝導
Superconductivity

MRI スキャナーには、非常に強力な超伝導磁石が使用されている。これは超低温で電気抵抗がゼロに低下するという量子効果である、超伝導を利用することで可能になっている。

 ウイルス
Virus

感染症の原因となる微小な、細胞構造を持たない病原体。単体の生物であるバクテリアとは異なり、ウイルスは宿主の細胞の仕組みを利用して自らを複製する。

チクソトロピー
Thixotropy

振動や圧力をあたえると流れやすくなる流体の持つ性質のこと。ケチャップは、液だれしない壁用ペンキと同じように、チクソトロピーを持つ流体だ。

 弱い相互作用
Weak interaction

自然界に存在する基本的な四つの力のひとつ。原子核の崩壊を支配する力。PET スキャナーは患者に導入された放射性物質からの放射線を拾い上げる。

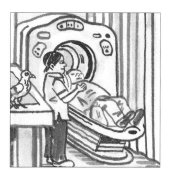

超音波
Ultrasound

周波数が高すぎて人間には聞き取れない音のこと。超音波スキャナーは、体内に超音波を放射し、胎児などの体内の構造物によってはね返されたものから画像を生成する。

 X 線
X-rays

可視光の外側にある波長の短い、高エネルギーの光（電磁波）。X 線は筋肉などを通過するが骨は通らない。これによって患者の体内を検査することができる。

街の広場

――――――――― 絵の中からさがしてみましょう ―――――――――

ベルヌーイの定理　　フックの法則　　てこの原理　　薄明光線　　静止摩擦

街の広場

法則 アンペールの法則
Ampère's law

閉じた回路の中を流れる電流と、そのまわりに発生する磁場との関係を説明する法則。ポータブルステレオのスピーカーは、コイル状の電線が振動板（コーン）に取り付けられていて、磁場が変化すると振動板が動く。「右ねじの法則」ともいう。

法則 アルキメデスのてこの原理
Archimedes' law of the lever

支点から力点までの距離に力をかけ合わせたものと、支点から作用点までの距離に力をかけ合わせたものは、等しくなるという法則。アルキメデスが発見したというこの法則は、長いてこを使えば男性が一人で車を持ち上げられることを説明するものだ。

法則 アルキメデスの浮力の原理
Archimedes' principle of flotation

流体の中に一部、または全体がある物体は、その物体によって押しのけられた流体の重量分の上向きの力を受けるという法則。ヘリウムガスが入った風船が押しのけた空気はヘリウムガスの入った風船の重量よりも重いため、風船は浮かんでいる。

法則 ベルヌーイの定理
Bernoulli principle

速度の増加は、圧力もしくは位置エネルギーの減少とともに生じるという、流体におけるエネルギー保存の法則。紙飛行機は、翼の上側の気流が速く、下側が遅くなった時、上からの圧力が下からの圧力より小さくなる。結果として上向きの力（揚力）が発生するため紙飛行機は上昇する。

法則 ボイルの法則
Boyle's law

温度が一定の場合、気体の圧力と体積は反比例の関係になるという法則。この法則によって自転車用ポンプははたらいている。

法則 ブルースターの法則
Brewster's law

反射した光線の偏光は、入射した透明な媒質への入射角によるという法則。反射した太陽光は鏡によって偏光される。

 シャルルの法則
Charles' law

理想気体の体積は、圧力一定のとき、絶対温度に比例するという法則。空気を温めると膨張し、気球の中の密度が低くなるので、気球はアルキメデスの原理（左ページ下を参照）によって上昇する。

 ヘンリーの法則
Henry's law

液体に溶ける気体の質量は、その気体の圧力に比例するという法則。シャンパンのコルクに気をつけて！

 角運動量保存の法則
Conservation of angular momentum

角運動量は外力が作用しない限り一定であるという法則。角運動量の変化は、加えられたトルク（ねじりの力）に比例し、そのトルクと同じ軸で生じる。この自転車のハンドルはまっすぐ前に向けられているが、それでも自転車は若者が身体を倒している方向に曲がる。

 フックの法則
Hooke's law

ばね（弾性体）の伸び（縮み）と力は、比例するという法則。びっくり箱から勢いよく人形が飛び出す仕組みはフックの法則で説明できる。

 ファラデーの電磁誘導の法則
Faraday's law of induction

磁場の変化によって回路に起電力が発生するという法則。変圧器には電源を持つ回路と、その起電力によって電気が流れる回路があり、それぞれのコイルの巻き数で電圧が調節される。こうしてスマートフォンの充電にちょうどよい電圧に調節している。

 ジュール熱
Joule heating

物体を電流が流れる時の発熱量は、電流の二乗と抵抗に比例する。これはジュールの法則ともよばれる。ヘアドライヤーは、電熱線に流れる電流による発熱で熱風をつくりだしている。

 熱力学の第一法則
First law of thermodynamics

外部とのエネルギーのやり取りがない孤立した系の総エネルギーは一定であるという法則（エネルギーは創造も破壊もできない）。石油に含まれる化学エネルギーは、燃焼することで熱に変換されている。

 放射性元素の壊変法則
Law of radioactive decay

放射性物質の原子核が時間とともにどのように減衰していくかを予測する法則。バナナはカリウムが豊富だが、その中に含まれるカリウム40原子は放射性元素で、自然崩壊して放射線を出しカルシウムになる。だからといってバナナに危険はない、心配は無用だ。

 レイトンの関係
Leighton relationship

大気下層におけるオゾン濃度を、窒素酸化物の存在量によって予測する法則。オゾンは窒素酸化物の光分解（光によって起こる分解）によって生成されることから、予測に用いられている。

 ニュートンの第二法則
Newton's second law

物体が力を受けた時に生じる加速度は、力の大きさに比例し、質量に反比例するという法則。ニュートンの運動の法則ともいう。少女は片足でこぐことで、自分の乗ったスケートボードを加速している。

 ニュートンの第一法則
Newton's first law

物体は力がはたらかない限り静止しているか、あるいは等速運動を続けるという法則。慣性の法則ともいう。力が加わらなければ、駐車している車の（運動していない）状態は変わらない。

 ニュートンの第三法則
Newton's third law

すべての作用には、同じ大きさで逆向きの応答である反作用があるという法則。作用反作用の法則ともいう。犬がリードを引いている時、リードもまた、犬を引っ張っている。

 ニュートンの冷却法則
Newton's law of cooling

物体の熱損失の割合は、物体と周囲との温度差に比例するという法則。夕方の冷え込みでスープはすぐに冷めてしまう。

 プランクの放射法則
Planck's law

光の発する色が、温度によってどのように変化するかを説明する法則。プランクの放射の法則にしたがうと、女性の吸っているたばこの赤い先端からは、目に見えない赤外線のエネルギーが放射されている。

 ニュートンの万有引力の法則
Newton's law of gravitation

二つの物体が互いに引き合う力の大きさはそれらの質量に比例し、物体間の距離の二乗に反比例するという法則。飛び降りる時は下に気をつけて！

 熱力学第二法則
Second law of thermodynamics

熱は自発的に冷たいところから温かいところへは流れないという法則。まわりの空気が暖かいところでアイスバーをつくることはできない。

現象 毛管現象
Capillary action

液体が細い管の内側を上昇する（場合によっては下降する）現象。これはウエイターがタオルでこぼれた飲み物を吸い上げるのを可能にしている。

現象 ドップラー効果
Doppler effect

音源の相対的な運動によって波の振動数が変わる現象。通過する救急車のサイレンの音程が変わって聞こえるのはドップラー効果による。

現象 気化冷却
Cooling by evaporation

液体から分子を蒸発させるにはエネルギーが必要なため、蒸発によって温度が下がる。扇風機は乾いた空気を送って蒸発を促し、その結果として肌が冷える。

現象 動摩擦
Dynamic friction

相対的に動いている固体間にはたらく摩擦のこと。少年が強くブレーキをかけすぎたせいで、過剰な摩擦がブレーキブロックにかかってしまった。タイヤがロックされて、つんのめってしまっている。

現象 薄明光線
Crepuscular rays

雲の切れ間などから見える、太陽があるべき空の一点からの光線のこと。光線は平行であるが、目の錯覚によってそれらは放射状に見える。

現象 弾性素材
Elastic materials

弾性素材が伸ばされ、ねじれた分子のもつれが解かれると、何度でも伸びにさからって引き戻しが起こり、元に戻る。この小さい子の迷子紐は弾性素材でできている。

現象 拡散
Diffusion

濃度の高い領域から低い領域へ、濃度が等しくなるまで分子が移動すること。犬たちは、空気中に拡散した分子から食べ物の匂いを嗅いでいる。

現象 エレクトロルミネッセンス
Electroluminescence

信号機に使われているLEDのように、電流や電場によって物質が発光する現象。電界発光ともいう。

現象 エントロピー
Entropy

系における無秩序さの度合いを示す指標。エントロピーは同じままか、ほとんどの場合増大する。それは瓶を割ることは、割れた瓶が元に戻ることよりも簡単であることに例えられる。

現象 ジュール–トムソン効果
Joule–Thomson effect

まわりと熱の交換がない断熱された状態で、狭い開口部から押し出された気体や液体に温度変化（温度が下がる）が生じる現象。この仕組みはアイスクリームカートに使われている。

現象 水素結合
Hydrogen bonding

水素が仲立ちとなる、同じ分子内や、異なる分子間での静電気的な引力による結合のこと。水素結合は分子間にはたらく力としては強い結合で、水の沸点が100℃と高いのも水素結合のためである。シェフの持っているスープ鍋の中のお湯が液体でいられるのも水素結合のおかげだ。

現象 マランゴニ効果
Marangoni effect

二つの流体の境界面に沿った物質移動の効果。表面張力が場所によって異なるときに表面張力が小さい方から大きい方へ流れが生じる現象。ブランデーグラスの中の液面より上で絶えず雫がつくられ滴り落ちる「ワインの涙」は、アルコールの表面張力が水よりも小さいために起こる。

現象 干渉
Interference

二つの波の相互作用によって生じる変化のこと。波はお互いに強め合ったり、打ち消したりする。池の中の波は干渉している。

現象 機械効率
Mechanical advantage

機械によってどのくらい力やエネルギーを得るかを示す指標のこと。自転車のギアは、てこの原理により、ペダルに加えられた力を増幅している。

現象 遊色効果
Iridescence

画角や照明角度の変化によって物体の表面から色が生成されること。水たまりに浮いた薄い油の膜が虹色を作っている。

現象 メラニンと紫外線
Melanin and ultraviolet light

メラニンは天然の色素で、紫外線を浴びると皮膚の中で生成される。この女性の日焼けはメラニンの増加を示している。

 **酸化**
Oxidation

物質が酸素と反応すること。より一般的には電子を失うこと。燃焼でできる炎は、酸化反応のドラマチックな現れだ。

現象 **レイリー散乱**
Rayleigh scattering

光や他の電磁放射が、放射された波長よりも小さい粒子によって散乱される現象。空気中の小さな気体分子は、特に青い光を散乱させ、それが空の色を与えている。

 粒子状物質
Particulates

エアロゾルとして空気中に浮遊することができる小さな粒子のこと。救急車の排気に含まれる粒子状物質はエアロゾルを形成する。

 共鳴
Resonance

系を自由に振動させたときに発生する、その構造などの条件で決まる振動数を固有振動数という。固有振動数に近い振動数で外力を与えられたときに、大きく振動する現象が共鳴だ。上の部屋から聞こえてくるトランペットの音に音叉が共鳴している。

現象 **光合成**
Photosynthesis

植物、藻類や一部のバクテリアが太陽光のエネルギーを利用して、二酸化炭素と水からブドウ糖などの有機物をつくりだす過程のこと。

 空気シャワー
Secondary cosmic ray shower

高エネルギーの宇宙線が、大気の高いところにある分子に衝突することで生成された粒子のこと。これらの粒子のほとんどはミューオンで、これはその後さらに多くの粒子を生成する。

現象 **光電効果**
Photovoltaic effect

この太陽電池パネルのように、光が照射することで物質に電圧や電流が発生すること。

 静止摩擦
Static friction

相対運動をしていない（お互いから見て動いていない）二つ以上の固体の間にはたらく摩擦のこと。猫をつかまえようとしている女性のひざと渡した厚板の間の静止摩擦は、彼女が板から滑り落ちることを防いでいる。

メイン・ストリート

———————— 絵の中からさがしてみましょう ————————

回折　　ジャイロ効果　　ソニックブーム　　ビル風　　アンカリング効果

メイン・ストリート

 法則 ボイルの法則
Boyle's law

温度が変わらなければ、気体の体積は圧力に反比例するという法則。自動車のエンジンには、シリンダーという金属の筒があり、シリンダー内でピストンが動くことで内部の圧力を変化させ、燃料や空気の取り入れや圧縮を行い、爆発的な燃焼を起こして駆動力に変えている。

 法則 シャルルの法則
Charles' law

圧力が変わらなければ、気体の体積は絶対温度に比例するという法則。路面との摩擦熱によってバイクのタイヤ内の空気の温度が上がり、空気が膨張している。

 法則 ファラデーの電磁誘導の法則
Faraday's law of induction

磁場の変化によって，どのように電流が発生するかを示す法則。電気自動車のなかには、ファラデーの法則にもとづいた交流誘導モーターを使っているものがある。

 法則 熱力学第一法則
First law of thermodynamics

熱力学第一法則によれば、エネルギーは保存されるが、形を変えることはできる。女性が積み上げた箱を持ち上げる仕事は、位置エネルギーと熱に変換されている。

 法則 ゲイ・リュサックの法則
Gay-Lussac's law

体積一定の気体は、温度が上昇すると圧力も上昇するという法則。スタートを合図するピストルでは、紙火薬が打撃によって化学反応し、急激に高温・高圧力になる。この圧力が周囲に伝わると "バン！" という大きな音になる。

法則 ランベルトの第一法則
Lambert's first law

ある面での照度（明るさの程度）は、光源からの距離の二乗に反比例するという法則。この男性のように限られた照明では説明書は読みにくい。

 ### ランベルトの第二法則
法則 Lambert's second law

照度は物体に光が当たる角度によって変わるという法則。この人たちが見ている地図の明るさは、地図を広げる方向（地図の紙面が向いている方向）によって変わる。

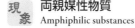 ### 両親媒性物質
現象 Amphiphilic substances

水にも油にも簡単に結びつく性質を持つ物質のこと。窓ガラスの掃除に使う洗剤は両親媒性である。

 ### ランベルトの第三法則
法則 Lambert's third law

光の強さは、吸収媒体を通過する距離とともに指数関数的に減少するという法則。厚いガラスの向こう側の店内は薄暗く見える。

 ### アンカリング（固着）効果
現象 Anchoring effect

人は初期に得た情報の断片に過剰に左右されてしまうという、陥りやすい間違った判断、認知バイアスのこと。9.99ドルはほぼ10ドルであるのに、買い物客は最初の9ドルの部分により影響を受ける。

 ### スネルの屈折の法則
法則 Snell's law of refraction

光が、ある媒体から別の媒体に進む時の方向の変化は、媒体ごとに決まっているという法則。この女性のサングラスでも、空気中からサングラスへ光が進むときに方向が変わっている。

 ### ベイズ理論に基づく同時位置決め地図作成（SLAM）
現象 Bayesian simultaneous Localization and mapping

自動運転の車が使用するシステムで、あるエリアの地図をつくることと、その地図の中での自分の位置を推定することを同時に行う仕組み。センサーで周囲の情報を集めながら走行することで、地図作成と自己の移動量を推定する。

 ### ジップの法則
法則 Zipf's law

ある言語（例えばこのグループで交わされている会話）におけるある単語の使用頻度を、頻度が多い順から並べた時、使用頻度はその順位の累乗に反比例するという法則。順位が低くなるにつれて、その単語が使用される頻度は大幅に減る。例えば4位の単語は1位の単語の16分の1の頻度になる。

 ### ビームスプリッター（分光鏡）
現象 Beam splitter

一部の光だけを反射させ、残りを透過させることで光を二つに分割する光学機器のこと。マジックミラーの窓ガラスは、通りよりも内部が暗いので、鏡のようになっている。

現象 宇宙線
Cosmic rays

宇宙空間から地球に降りそそぐ非常に高エネルギーの粒子の流れのこと。この女性の体を毎秒数百もの宇宙線の粒子が通過している。

現象 回折
Diffraction

波が障害物に当たった時に、回り込んで障害物のうしろへ伝わる性質。この性質のおかげで、少年たちは建物の角を曲がった向こうの会話を聞くことができる。

現象 電磁波吸収
Electromagnetic absorption

色のついた透明な素材を光が通り抜けると、特定のエネルギーをもつ光子だけが吸収される現象。LED式ではない、電球式の交通信号機の光の色はこのとき吸収されていない光子によって決まっている。

現象 気体放電
Gas discharge

気体中に電流を流すこと。帯電した気体に電流を流して光を発生させる照明がある。このネオンサインはそのひとつだ。

現象 一般相対性理論
General theory of relativity

アインシュタインが発見した、重力と時空の歪みを結びつける理論。この理論によって、重力が時間を遅らせることを示した。カーナビゲーションなどに使われるGPSシステムにおいて、位置を測定している衛星が回る軌道上は地上と比べて低重力で地上より時間が速く進むため、補正をしている。

現象 ジャイロ効果
Gyroscopic effect

回転しているディスク（円盤）が持つ、回転方向から離れる運動に抵抗する性質のこと。自転車の回転するタイヤは、手放し走行時の自転車の安定性に貢献している。

現象 ホール効果
Hall effect

電流が流れる導体に直角方向に磁場をかけると、磁場と電流の両方に対して直角方向に電圧が発生するという現象。これは自動車のエンジンの電子点火システムで、搭載しているバッテリーの電圧よりも大きな電圧で放電し、発火を起こすために使われている。

現象 赤外レーザー
Infra-red laser

可視光よりもエネルギーの低い赤外スペクトルの光を発生させる装置のこと。光ファイバー通信ケーブルは、赤外レーザー光で伝送している。

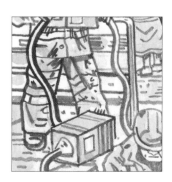

現象 ライダー
Lidar

レーダーに似ているが、マイクロ波の代わりにレーザー光をつかって周辺の物体の距離を測定する測器。ほとんどの自動車の衝突回避システムに利用されている。

現象 量子生物学
Quantum biology

量子効果を用いて生物学的過程を説明しようとする科学の分野のこと。地磁気を感知して旅をするハトの能力は、分子サイズのコンパスによる量子現象の現れだ。

現象 機械学習
Machine learning

自らが処理するデータによって学習し、ふるまい方を修正できるようなコンピュータープログラムのこと。自動運転車の制御に使われている。

現象 無線認証
Radio frequency identification

無線を用いた識別システムのこと。お店の入り口に設置されたセキュリティシステムから出ている電波によって、まだレジを通していない商品のタグに電流が流れることでアラームが鳴る。

現象 機械効率
Mechanical advantage

機械によって力が増幅される度合いのこと。窓を拭いている作業員が乗っている作業用架台（かだい）についている滑車を使うと、力を得する。

現象 復氷
Regelation

氷に圧力を加えるととけ、圧力を取り去ると再凍結するという現象。これには大きな圧力が必要とされる。氷が滑りやすいのは、氷点下でも表面が薄い水膜に覆われているためで、男性が滑って転んだのは復氷のためではない。

現象 仕事率
Power

単位時間にどのくらい仕事が行われるかを表す量。自動車の仕事率は馬力で表されるが、1 馬力は 736 ワットに相当する。これはおおよそ馬一頭が安定して出す力だ。

現象 共鳴
Resonance

物体を自由に振動させたときに、しばらく振動を続ける特定の振動数を固有振動数という。この固有振動数に近い振動数で物体を振動させたときに生じる大きなゆれのことを共鳴という。バスは、エンジンの回転数がバス本体の固有振動数に近づくと思いがけず大きくゆれる。

 ### 再帰反射
Retroreflective materials

入射した光をほとんど散乱させずに入射方向に返す反射現象。最近の自転車のリフレクター（反射材）は再帰反射式になっている。

 ### 物質中の光の速度
Speed of light in material

光は空気中では真空中よりも遅く、さらにガラス中では空気中より遅く進む。光ファイバーケーブルの中を光は一秒間に 20 万キロメートル移動する（真空中は約 30 万キロメートル）。

 ### 自己組織化システム
Self-organising system

特定の方法で自らを自然に組織化するシステムのこと。雪の結晶は水分子の集合の仕方によって六角形に自己組織化する。

 ### 薄膜干渉
Thin film interference

液体の薄い膜の表面で反射した光とその膜を通過し終わる反対の境界面で反射した光との干渉のこと。これによって、車の下に漏れ出たオイルの薄い膜に虹色が見える。

 ### ソニックブーム（衝撃波）
Sonic boom

超音速飛行機による騒音のこと。超音速で移動する飛行機で発生した音波が、重なり合ってお互いを強め合う場所が、ちょうど地上までの距離と一致する時に地上で爆発音が聞こえる。これは飛行機内で聞こえている音とは異なる。

 ### トルク
Torque

物体を軸まわりに回転させる力のこと。（ねじり）モーメントともいう。バイクのライダーは、タイヤの摩擦と曲がるための力のバランスをとるために、曲がりたい方向に身を乗り出す。

 ### 特殊相対性理論
Special theory of relativity

アインシュタインが提唱した時間と空間をつなぐ理論。動いている物体の時間は遅くなるというもの。GPS 衛星は軌道上を、秒速 4 キロメートルを超える速さで移動しているため、地上よりゆっくりと時間が進む。GPS で位置を計算するのには衛星の時刻情報も使っているため、誤差の補正がされている。

 ### 全反射
Total internal reflection

物体と密度の低いものとの境界で、浅い角度で当たった光が外部に出ずに物体内部にとどまる現象。これによって、レーザー光は、光ファイバーの中にとどまったまま進む。

現象 粘着摩擦
Traction

二つの表面の間の摩擦による粘着力のこと。自動車のタイヤのトレッド（みぞ）は接地面積を増やし、タイヤのグリップ力を増す。

現象 ファン・デル・ワールス力
Van der Waals force

原子や分子間にはたらく静電気的な引力のこと。分子間力の一種。ヤモリが壁を歩くことができるのはこのため。この力はガラス面を登るための特殊な手袋やパッドにも使われている。

現象 三角測量
Triangulation

三つの既知の点までの距離を測定することで、三次元的に位置を決めること。スマートフォンの GPS アプリは三角測量を利用している。

現象 渦（うず）
Vortices

流体の回転する渦巻のこと。渦がつくられたり壊れたりすることで、風に旗がたなびいている。

現象 チンダル効果
Tyndall effect

透明な媒質中に粒子が分散した状態では、他の波長の光に比べて青い光が散乱するという効果。バイクの排気が青っぽく見えるのはチンダル効果によるものだ。

現象 加硫
Vulcanisation

硫黄などを用いてゴムを硬化させる工程のこと。生ゴムは高温でやわらかく、低温で硬くなるため使いにくかったが、加硫によって弾力性が上がる。自動車のタイヤは加硫ゴムをつかって製造されている。

現象 都市ヒートアイランド現象
Urban heat island effect

都市地域での、人工的な排熱や、土地利用の変化のために、都市部が周辺地域より高温になること。温度分布が島状になるため名付けられた。舗装された場所やビルが熱を蓄えるため、夜間により影響が大きい。

現象 風洞効果（ビル風）
Wind tunnel effect

動いている空気が広い空間から狭いすき間を通過する際に速度を上げる現象。広い空間を通過していた気体の分子を同じだけ狭い空間を通すために生じる。風洞効果によるビル風で、男性の帽子は吹き飛んだ。

田園地帯

———— 絵の中からさがしてみましょう ————

飛行機雲　刷り込み　イデオモーター効果　虹　マーマレーション

田園地帯

法則 カッシーの法則
Cassie's law

化学組成が不均一な物体に対する液滴の接触角を説明する法則。接触角とは、水平な固体表面と液滴の表面とがつくる角度のこと。接触角は表面の濡れやすさの尺度になり、角度が小さい場合は濡れやすく、鈍角なら撥水性がある。アヒルの羽根の上の水滴もこの法則に従っている。

法則 コモナーの第一法則
Commoner's first law

「すべてのものは、他のすべてのものとつながっている」という生態学の法則。工場から出る煤煙はより広い環境に影響を与える。

法則 コモナーの第二法則
Commoner's second law

「すべてのものは、どこかへ行かなくてはならない」という生態学の法則。埋め立てられたゴミは、なくなってしまうわけではなく、環境の一部として残るのだ。

法則 クライバーの法則
Kleiber's law

ほとんどの動物で、消費エネルギーは体重のおおよそ4分の3乗で増加するという法則。オオカミはウサギの約50倍の重さがあり、19倍のエネルギーを消費する。

法則 ストークスの法則
Stokes' law

流体中をなめらかに運動する球形の物体にかかる力を説明する法則。雲は小さな液滴からできているが、ストークスの法則で予測されている強い抵抗によって、重力下において、とてもゆっくりと下降する。

現象 酸素呼吸
Aerobic respiration

細胞内で酸素を利用してエネルギーを生産すること。好気呼吸ともいう。ランナーの規則正しい有酸素運動は酸素呼吸によって支えられている。

現象 無性生殖
Asexual reproduction

雌雄のような複数の性によらない生殖のこと。シダ植物は複雑な生殖パターンを持っていて、その一部は無性生殖だ。

現象 クローン性コロニー
Clonal colony

遺伝的に同一のクローンとして、ともに成長する生物群のこと。セイヨウハシバミの木は、しばしば根などの地下の部分でつながった同一もので、そこからいくつも幹が出た密集した森をつくる。

現象 生物発光
Bioluminescence

一部の生物が持つ化学的過程によって発光する能力。ホタルは生物発光を利用して信号を発しており、成虫はこれで交尾する相手を探す。

現象 色覚
Colour vision

光の波長の違いによって色を見分ける感覚のこと。ある種の動物は人間とは異なる色覚範囲を持っている。紫外域に色覚を持つチョウゲンボウ（小型のハヤブサ）は、ネズミの尿の跡を見ることでネズミを見つけることができる。

現象 ブルース効果
Bruce effect

げっ歯類のメスが、見知らぬオスの匂いにさらされることで、妊娠が中断される現象。この効果はマウスで最もよく知られている。子孫を残す機会が限られている状況で、より優れた遺伝子を残そうとするためではないかと考えられている。

現象 飛行機雲
Contrails

ジェット機のエンジン排気の水分が上空の低温で冷却されて形成される線状の雲のこと。航跡雲ともよばれる。

現象 バタフライ効果
Butterfly effect

環境の小さな変化が重大な結果をもたらすという、カオス理論が扱う現象の特徴を言い表すたとえのこと。もとは気象学者のローレンツの、「蝶の羽ばたきが竜巻を起こすか」という問いに由来する。

現象 収斂進化
Convergent evolution

同じ機能を持つ形質が、異なる生物で独立に進化すること。昆虫の眼と鳥類の眼はそれぞれ別べつの進化の道をたどってきた。

現象 変温性
Ectothermy

気温などの外部環境によって体温が調節される生物の性質のこと。トカゲなどの変温性の生物は、しばしば誤解を招くような冷血動物ともよばれる。

現象 蒸発散
Evapotranspiration

地面からの「蒸発」と、植物の葉から水が水蒸気として空気中に放出される「蒸散」をまとめた言い方。蒸発散によって大気中に水分が供給される。葉からの蒸散によってまわりの空気の湿度が高まる。

現象 エッジ効果
Edge effect

生物の生息地の境界となる部分の効果を表す生態学用語。境界は外部からの影響を強く受ける。エッジ効果により、森林と草原のような複数の環境が接する境界では生物多様性が増す。

現象 フラクタル性
Fractal nature

フラクタルとは、部分が全体に似ている自己相似性を持つ数学的構造のこと。自然界のフラクタルの例としては、樹木、特に針葉樹がある。

現象 電磁反発力
Electromagnetic repulsion

同じ電荷を持つ粒子どうしが電磁力によって反発すること。レンガは、原子間の引き合う力と電磁的反発力がつり合っているためにしっかりしているので、建物を安定した状態に保つ。

現象 重力
Gravity

地上の物体が地球から受ける引力のこと。物体が他の場所より高い場所にあると、物体は重力による位置エネルギーを持つ。この水車の動力源となっている川は、重力によって、上流から下流へと流れ下っている。この時エネルギー保存の法則によって、位置エネルギーが運動エネルギーに変換されている。

現象 恒温性
Endothermy

体内の代謝で発生する熱によって体温が調整される生物の性質のこと。例えば、哺乳類や鳥類は恒温性だ。時として、温血動物と表現される。

現象 冬眠
Hibernation

一部の恒温性動物が、冬を乗り切るために代謝活動を低下させること。越冬中は活動をほとんどしなくなる。ヨーロッパのハリネズミは冬眠する動物として有名だ。陸にすむ多くの変温動物も冬眠をする。

現象 水素結合
Hydrogen bonding

水分子での水素と酸素のように、分子内で相対的に電気的にプラスの部分とマイナスの部分が引き合うことでできる結合。水素結合している物質は沸点が高くなる。水素結合のおかげで湖の水は環境中で（広い温度範囲で）液体の状態を保っているといえる。

現象 メタモルフォーゼ（変態）
Metamorphosis

動物の形態が大きく変わること。多くの場合、細胞の著しい変化をともなう。イモムシがさなぎを経て蝶になるのは変態の例だ。

現象 イデオモーター効果
Ideomotor effect

意識することなしに筋肉の動きをつくりだす心理学的現象のこと。男の子の持っているダウジングロッド（地下水や鉱脈を発見できるという棒）が動くのは、イデオモーター効果によるものといわれる。

現象 マーマレーション
Murmuration

動物の一群や大群の集合的な動きのこと。それぞれが近くの動物から影響を受けている。ムクドリの群舞のようなマーマレーションはドラマチックだ。

現象 刷り込み
Imprinting

人生の特定の段階で起こる、急速で安定的な学習形式。おもに生後の早い時期に見られる。幼鳥は初めて見た動くものを親と思って、その後を付いていくことがしばしばある。このガンの幼鳥たちに、軽量飛行機を親として刷り込みをしたので、飛行機の後を付いていく。

現象 自然選択
Natural selection

環境の中で少しでも有利な形質を持つ生物が生存して子孫を残すという進化の主要なメカニズムのこと。木の皮に自分をより上手く似せられた蛾は、外敵の捕食からまぬかれそうだ。

現象 ロジスティック方程式
Logistic equation

環境が維持できる数を基準にした生物の個体数の変動を表す方程式のこと。この農場ではウサギの数をロジスティック方程式で管理している。

現象 ナビエ-ストークス流
Navier–Stokes flow

ナビエ-ストークスの方程式が記述する、液体の乱流のない定常な流れのこと。川の流れの滑らかな部分はナビエ-ストークス流の性質を持っている。

現象 窒素固定
Nitrogen fixation

空気中の窒素を、生物が利用可能な窒素化合物に変えること。一部の植物の根では、根の中に共生するバクテリアによって、窒素の固定が行われている。

現象 受粉
Pollination

植物のおしべの花粉がめしべの柱頭に付着すること。多くの昆虫、特にハチは花蜜を集める時に花粉を植物から植物へと運んで受粉を助けている。

現象 夜行性の視力
Nocturnal eyesight

暗い場所でものを見る能力のこと。少ない光量でも、よく見ることができるフクロウの目は、筒状になっていて目だけを動かすことができない。そのため、様々な方向を見るために頭を極端な角度まで回転させる必要がある。

現象 ウサギの飼育
Rabbit breeding

ウサギを飼い育てること。13世紀にフィボナッチは、ウサギの繁殖習性を利用して、今ではフィボナッチ級数として知られる数列を説明した。

現象 フォトニック格子
Photonic lattice

量子レベルでの光学的効果を生み出す構造のこと。蝶の羽根の虹色の輝きはフォトニック格子によって生み出されている。

現象 虹
Rainbow

太陽からの光が、大気中の雨粒を通過する際に屈折と反射をすることで生じる光学的な現象のこと。白色だった光が分光されて、色のスペクトルがつくりだされる。

現象 光合成
Photosynthesis

光エネルギーを化学エネルギーへ変換する生化学反応のこと。植物は光合成によって日光のエネルギーを利用して、二酸化炭素と水から有機物をつくりだしている。

現象 呼吸
Respiration

生物の体内で起こる、おだやかな燃焼反応のこと。栄養分の化学結合からエネルギーを取り出す過程。リスが食べている実の栄養分はリスの細胞に取り込まれ、呼吸反応によって、生命活動に必要なエネルギーが生み出される。

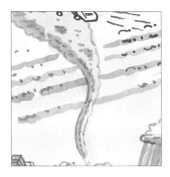

現象 自己組織化システム
Self-organising system

部分の局所的な相互作用によって、自分自身の構造を、自発的につくりだす能力を持つ系（まとまり）のこと。竜巻（トルネード）は自己組織化システムの一例だ。

現象 終端速度
Terminal velocity

流体の抵抗によって落下している物体にはたらく重力と空気抵抗がつり合い、加速が止まったときの速度。パラシュートは空気抵抗を大きくすることで、終端速度を減じ、パラシュートを楽しむ人の安全を守っている。

現象 有性生殖
Sexual reproduction

雄と雌の遺伝物質の組み合わせの結果として起こる、生物の繁殖のこと。すべての哺乳類がそうであるように、ウサギは有性生殖で繁殖する。

現象 栄養カスケード
Trophic cascade

生態系のなかの"食う、食われる"の関係を通じて、食物連鎖の頂点から段階的に効果が及んでいくこと。捕食者が、それよりも小型の捕食者の個体数を減らし、結果その捕食者の獲物であった生物への捕食を減らすというような流れがある。オオカミは栄養カスケードの始点となる。

現象 強い相互作用
Strong interaction

原子核内の陽子や中性子を結び付ける力のこと。ここに見られる花崗岩盤からの自然放射線は、この力に由来するエネルギーの一部が電磁波として放出されたものだ。

現象 乱流
Turbulent flow

流体の流れがカオス的になった時に、圧力や流量が予測不可能なほど急激に変化する状態のこと。川の流れは、岩のまわりで乱流になる。

現象 共生
Symbiosis

生物種間の密接な生物学的相互作用で、しばしばお互いにとって有益なもの。木や岩の上に見られる地衣類は、単一の生物のように見えるが、バクテリアや藻類と菌類の共生体だ。

現象 ホイットン効果
Whitten effect

複数の雌マウスが、雄のマウスの尿に含まれるフェロモンによって、同時に発情する（繁殖可能な状態になる）効果。

海　辺

———— 絵の中からさがしてみましょう ————

グリーンの法則　　**ジャニベコフ効果**　　**航跡波**　　**偏光**　　**ピエゾ効果**

海 辺

アーチーの法則
Archie's law

岩石の電気伝導度を、岩石の隙間と、水飽和度（そこがどのくらい塩水や水で満たされているか）に関連付ける経験則。この法則は、海洋掘削の際に、化石燃料の量を推定するのに利用される。「アーチーの式」としても知られる。

シャルルの法則
Charles' law

圧力の変化がない場合、気体の体積は、絶対温度に比例するという法則。高速のモーターボートのエンジンでは、シリンダー内で燃料と空気の混合ガスが燃焼し、膨張した高温のガスがピストンを押すことでエンジンを動かしている。

アルキメデスの浮力の原理
Archimedes' principle of flotation

ボートなどの浮いている物体にはたらく上向きの力（浮力）は、その物体が押しのけた水の重量に等しいという原理。この力でボートは海に浮かび続けられる。

運動量保存則
Conservation of momentum

運動量は、保存するという法則。少年が勢いよく振ったバットがボールに当たると、ボールにバットの運動量が移り、ボールは遠くへ飛んでいく。

ボイルの法則
Boyle's law

温度の変化がない状況で、気体の圧力は体積が小さくなるほど大きくなるという法則。ゴムボートにつないだ足踏み空気入れを踏み込むと、空気の体積が減ることで圧力が増し、空気がボートへと送られるため、ゴムボートは膨らむ。

ドルトンの分圧の法則
Dalton's law of partial pressures

混合気体の総圧力は、各気体の圧力（分圧）の合計であるという法則。空気は様々な気体の混合物で、この少年が深呼吸している空気も、様々な気体の圧力（＝分圧）を合計した圧力を持っている。

 フィックの拡散の法則
Fick's law of diffusion

空気中の分子は非常に速く移動するが、多くの衝突を経て遅くなることを説明する、経験に基づく法則。フィック本人は液体中でこの実験を行っている。フィックの法則は、香りが大気中を伝わる様子を表現する。

 ニュートンの第一法則
Newton's first law

物体は力を加えない限り、そのまま静止しているか、一定の速度で運動し続けるという法則。サーファーは、波に打たれてボードから落ちているにもかかわらず、岸の方向へ動き続けているのも、この法則で説明できる。「慣性の法則」としても有名だ。

 グリーンの法則
Green's law

岸近くで水深が浅くなると、波は高さを増し、互いに近づくことを数学的に記述する法則。これにより、海岸近くでは、外洋よりも津波の波高が高くなる。

 ニュートンの第三法則
Newton's third law

すべての作用には、大きさが同じで向きが反対の反作用がはたらくという法則。「作用反作用の法則」ともいう。ボートのプロペラが水を後方へ押しやることで、押しやられた水はプロペラを前へと押し返すため、ボートは前進する。

 ヘンリーの法則
Henry's law

液体に溶ける気体の量とその気体の分圧の関係を示す法則。温度が変わらない時、液体に溶ける気体の質量は、その圧力にほぼ比例する。ダイバーが減圧症（潜水病）になるのは、体液に溶け込んでいた気体が、浮上して水圧が減少する際に飽和して泡となって出てくるためだ。

 ストークスの法則
Stokes' law

流体の中を動く物体にかかる抵抗を説明する法則。ビーチボールは、表面積が大きいため、抵抗が大きくなるが、軽く、運動量が小さいので、ゆっくりと動く。

 地層累重の法則
Law of superposition

地層の下にある層が、上にある層よりも前に形成されたという概念のこと。地層全体が褶曲（しゅうきょく）などで逆転していないことが前提である。崖の上の高いところの地層は、低い地層よりも若い地層だ。

 断熱冷却
Adiabatic cooling

外部との熱のやり取りがない閉鎖された系で圧力が急激に下がると、温度が低下する現象。炭酸飲料の缶を開けると、中の圧力が下がるために、より冷たくなった気体が出てくる。これが周囲の空気の温度を下げ、水蒸気が飽和するため、よく見ると、飲み口のあたりには霧が発生している。

現象 ベイウォッチの原理
Baywatch principle

より迅速に移動できる経路があるなら、最短距離になる経路よりもそちらを通った方が早く目標にたどり着くという原理。ライフガードが、水に入る前にまず岸沿いに走るのはそのためだ。この原理は、空気中からガラスに入射した光が屈折することを説明できる。光はより早い経路をとるために屈折する。

現象 乳化作用
Emulsification

通常は混ざり合わない液体の一方を、細かな液滴の状態にしてもう一方へ上手く混ぜ合わせること。凍らせる前のアイスクリームは乳化状態だ。

現象 ブルーンの規則
Bruun rule

海面上昇によって海岸線が後退する様子を推定するための計算式のこと。

現象 気化冷却
Evaporative cooling

液体が蒸発する時に、周囲からエネルギーを奪い冷却すること。泳いでいた人が、海から上がった後に寒さを感じるのは、肌に残った海水が蒸発するためだ。

現象 回折
Diffraction

波が、狭い開口部を通過するときに曲がり、広がること。外海からやってきた波は港に入ると広がる。

現象 生物層序
Faunal succession

地層の年代を、その地層から発見される化石によって同定すること。その生物が生きていた時代に、土砂が堆積して、その地層ができたということからだ。

現象 ジャニベコフ効果
Dzhanibekov effect

複数の回転軸を持つ物体における、回転の相互作用のこと。テニスラケットの定理ともよばれる。ラケットのグリップを握り、縦方向に360度回転するように投げ上げると、グリップをキャッチした時には最初と逆の面が上を向きやすい（つまりラケットが横方向に180度回転してしまう）という現象。

現象 重力波《流体力学》
Gravity waves

風が海上を吹きわたり、水が動かされた時、重力が水をもとの場所に戻そうとしてつくられる波。ここに見られる波は重力波だ。重力波（相対論）とは別のもの。

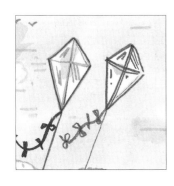

現象 熱容量
Heat capacities

物体の温度を1℃あげるのに必要な熱量のこと。海は陸と比べて大きな熱容量を持っているため、よりゆっくりと温まる。冷たい海上の空気は、温かくて軽い陸上の空気の下に潜りこもうと陸に向かって移動する。こうして発生した海風で凧があげられている。

現象 沿岸漂砂（ひょうさ）
Longshore drift

風によってつくられる、岸に平行な流れによって砂礫が岸沿いに移動すること。海岸の形状は、沿岸漂砂によって変化する。

現象 高温発光
Incandescence

高温の物体が光を放つこと。熱によって増大した電子のエネルギーは、光を発することで光子として失われる。たき火の炎はこのようにして光り輝いている。

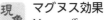

現象 マグヌス効果
Magnus effect

圧力差をつくることで、ボールの軌道を曲げる回転の効果のこと。回転するビーチボールは、予想した進路を外れて移動する。

現象 航跡波（ケルビン波）
Kelvin wake pattern

プロペラで推進していないボートや水鳥が、静穏な水面を移動する時に形づくられる特徴的なV字型の波のパターンのこと。

現象 マンデルブロの海岸線のパラドックス
Mandelbrot's coastline paradox

ものさしが短いほど、隅々まで入り込んで測れるので、海岸線には明確な長さがないというパラドックス。ものさしが短くなるほど、海岸線は長くなる。

現象 ケルビン–ヘルムホルツ不安定性
Kelvin–Helmholtz instability

流体の流れに速度差があるときに発生する乱流現象のこと。この雲は、上空にある、流れの速さが違う冷たい空気の層と暖かい空気の層が接するところでできた波が大きく成長した姿だ。

現象 脱皮
Moulting

動物が成長に伴って外層を脱ぎ捨てること。カニの甲羅は成長できないので、脱皮し新しい甲羅が伸展して、大きな甲羅をつくる。

不均一な物体の力学
Non-homogeneous mass dynamics

バドミントンの羽根のような、様々な材料でできた物体にはたらく力と運動に関する学問。バトミントンの羽根は空気力学的には、羽根は打たれた後に先端を前に向けて回転し、振動した後に安定する。これは、羽根の不均一な構成を反映している。

地形性雲
Orographic clouds

空気が山の斜面に沿って押し上げられると、急激に冷やされる。この冷却によって水蒸気が凝結し、雲が形成される。

パスカルの原理
Pascal's principle

密閉された容器内の流体にかかる圧力に関する法則。流体のある部分にかけられた圧力は、流体のどの部分にも伝わるため、水鉄砲の大きなピストンに加えられた圧力は、はるかに狭いノズルからの高速の噴射をつくりだす。

ピエゾ効果
Piezo resistance

圧力によって電気抵抗が変化する現象。ダイバーの水深計は、ピエゾ抵抗素子を使って水圧を測ることで作動している。

プレートテクトニクス
Plate tectonics

地震や火山、造山などの活動を、多くのプレートの動きで説明する説のこと。ゆっくりと動いているプレートが衝突して、山がつくられる。また、大陸のプレートの下に海洋のプレートが沈み込む部分では、ひずみがたまり、これを解消する際に、津波をともなうような地震が起こる。

プラトー–レイリー不安定性
Plateau–Rayleigh instability

ゆっくり流れる液体の流れが、表面張力によって液滴へと分裂する現象。水圧が低い時には、シャワーヘッドから水滴が落ちてくるのもこの現象で説明できる。

偏光
Polarisation

海面で反射した太陽の光は偏光する。ポラロイドレンズを使ったサングラスは、偏光した光の一部をカットすることで眩しさを軽減する。

横方向の連続性の原理
Principle of lateral continuity

堆積層は、初めは横方向に連続していたという観測結果にもとづく法則。地層断続の法則ともいう。元は続いていたが、今は断崖のようになっているこの岩壁は、そこから先が侵食され、なくなったためだ。

現象 レイリー散乱
Rayleigh scattering

波長に比べて十分に小さい粒子による光の散乱現象。原子は光子を吸収し、そして様々な方向に再放出することで、光を散乱させる。空気の分子は、青い光をより多く散乱させるので青空がつくられる。

現象 熱的ラグ
Thermal lag

加熱に対する物体の温度上昇の時間的遅れを表すもので、熱容量が大きく熱伝導率が小さいものほど大きくなる。海水は熱的ラグが大きく、温まるにも冷めるのにも時間がかかる。そのため太陽光が最も強い夏至にはまだ冷たく、秋分の頃にはまだ温かい。

現象 屈折
Refraction

波が、進行速度が異なる領域に移動した際に、方向を変えること（94ページの「ベイウォッチの原理」を参照のこと）。波が水深の浅い場所に侵入すると波の速度が遅くなるため、屈折が起こる。

現象 潮汐力
Tidal forces

潮汐を起こす力のこと。潮汐は、地球上の地点ごとに太陽や月が及ぼす引力の大きさが異なることで海水が移動し引き起こされる。月の潮汐力は、遠くにある太陽よりも強く大きい。潮汐によって海面の高さが極大になるときを満潮、極小になるときを干潮という。

現象 逆浸透
Reverse osmosis

浸透圧に逆らって、半透性の膜を介して液体を強制的に通過させること。海水淡水化設備では、逆浸透膜に水を通過させて塩を残し、海水を淡水にしている。

現象 横波
Transverse wave

波の振動する方向が、波の進む方向に垂直な波のこと。海の波のような、水の波は横波だ。

現象 ストークスドリフト
Stokes drift

水を小さな粒子の集合体と考えて、そのひとつが波の運動によって運ばれるときの平均的な速度のこと。このとき粒子は、回転運動をしながら波の進行方向に移動する軌跡を描く。水に浮いている物体は、これと同じように、波の作用によってゆっくりと運ばれていく。

現象 ベンチュリ効果
Venturi effect

圧縮しない流体が狭いところを通るときに速度が上がり、圧力が下がる現象のこと。スキューバダイバーは高圧空気のタンクを背負っているが、レギュレーターはタンク内から出てくる空気の圧力を、ダイバーのいる環境の水圧まで下げるもので、調節にはベンチュリ効果を利用している。

大　陸

―――――― 絵の中からさがしてみましょう ――――――

ベッツの法則　　沸点の低下　　懸垂線（カテナリー）　　山塊効果　　ピンゴ

大　陸

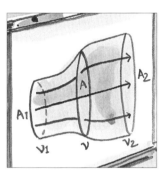

法則 ベッツの法則
Betz's law

風車の最大出力は、風のエネルギーのおよそ 59.3％であるという法則。風の運動エネルギーを風車ですべて機械エネルギーに変換できるとしたら、風車の後ろでは風が止み、連続的に風が入ってこなくなり、風車は止まってしまう。風力発電で効率よく風のエネルギーを利用するために、ベッツの法則は重要だ。

 法則 ジブラの法則
Gibrat's law

所得などの経済変数は、対数正規分布（値の対数が釣り鐘型になる分布）で近似できるという法則。都市の人口増加率などにも適用される。ただし、都市は行政的な自治体としての範囲と、都市に通勤する人の居住地を含めた経済学的に定義される都市の範囲が異なるなどの点で、議論もある。

法則 ボイス・バロットの法則
Buys Ballot's law

北半球において、観測者の後ろから風が吹いている時には、低気圧は左手のやや前方、高気圧は右手のやや後方にあるという法則。南半球では逆が成り立つ。

 現象 断熱冷却
Adiabatic cooling

周囲との間で熱のやり取りがない状態で、空気が膨張した時に温度が下がる現象。レンズ雲のような変わった形の雲も、雷雨をもたらす積乱雲も、断熱冷却によって水蒸気が凝結することで生まれる。

法則 ファラデーの電磁誘導の法則
Faraday's law of induction

コイルなどの回路で発生する電流の大きさは回路のまわりの磁場の変化の速さによって決まるという法則。風力発電機は、電磁誘導の仕組みによって発電する。

 現象 気団
Air mass

温度や水蒸気量などが大体同じくらいの大きな空気のかたまりのこと。これらの気団の相互作用が天気をつくっている。日本の梅雨は、オホーツク海気団と小笠原気団の間で前線が停滞する、雨の多い時期だ。

現象　隕石衝突クレーター
Asteroid impact crater

宇宙からの物体が惑星や月に衝突することでできた自然の凹み。そのいくつかは、恐竜の絶滅と関連があるとされるチクシュルーブ・クレーター（150キロメートルの大きさを持つ）のように巨大なものもある。

現象　気象のカオス性
Chaotic weather system

気象システムが、大気の運動を記述する運動方程式が持つ特性のために、カオス的な性質を持つこと。気象予報は、計算の初期の条件がわずかに異なる「アンサンブル予報」という方法で計算して、平均をとり、結果の精度を高めている。子どもたちが見ている天気図もそうしてつくられている。

現象　浮力
Buoyancy

船が水に浮かんだ状態を続けられる上向きの力のこと。浮力は物体の上下の面にかかる圧力差によって生じる。この船では、重量と浮力がつり合っている。

現象　燃焼
Combustion

物質が酸素と激しく反応して熱や光を発する化学反応のこと。森林火災を起こすような自然発火は、多くの場合、落雷によって生じる。

現象　バタフライ効果
Butterfly effect

カオス的な性質を持つ気象システムでは、小さな違いが時間とともに大きくなり、重大な変化を生じうるということのたとえ。田園地帯（83ページを参照）で出会った蝶の羽ばたきが、地球の反対側で竜巻を起こすかもしれない。

現象　電気伝導率
Conductivity

物体の電気の流れやすさを表す度合いのこと。電気抵抗率の逆数。電力ケーブルは、熱による損失を最小限に抑えるために、高い電気伝導率を持つようにつくられている。

現象　懸垂線（カテナリー）
Catenary

鎖やケーブルが重力下で2点間につり下げられた時の形状のこと。電力ケーブルは鉄塔の間でカテナリーを形成している。

現象　沸点の低下
Depression of boiling point

大気圧が低くなるほど沸点も低くなるという現象。高度4500メートルでは、水は84.5℃で沸騰する。こんなぬるいお湯では、美味しい紅茶をいれることはできない。

現象 放電
Electric discharge

普段は電気を通しにくい気体などに、電流が流れる現象。高い電圧によって、空気は絶縁性を失い、電流が流れる。大きな音とともに空を光が走る稲妻は自然界の巨大な放電現象だ。

現象 指数関数的成長
Exponential growth

値が増えるにつれてその増加率も増す現象。例を挙げると、時間あたりに元の2倍になるような成長をいう。雷雲の中では、電子が別の原子とぶつかって新たな電子が放出されるということが繰り返され、電子の数（＝電荷）は指数関数的に大きくなっていく。

現象 電磁パルス
Electromagnetic pulse

短時間の電磁エネルギーの爆発的な放出現象。雷による電磁パルスは、近くにあった電話機などの電子機器を破壊する。

現象 流体力学
Fluid dynamics

液体と気体の運動についての学問。河川の蛇行は、堆積物を運ぶ水の流れによってつくられる。初めはゆるいカーブだった河川は、流れの速いカーブの外側の土手を削り、流れのゆっくりとした内側で土砂を溜める。蛇行のことを英語で meander というが、これはトルコの Meander 川に由来する。

現象 電磁気力
Electromagnetism

光子（フォトン）のやり取りで伝わる相互作用のこと。自然界に存在する四つの基本的な力のうちのひとつである。フォトンのやり取りを波として表したのが電磁波で、電波塔から放射されるラジオ波も電磁波の一種である。

現象 氷河作用
Glaciation

氷河によってなされる地形への侵食や堆積などの作用のこと。深いU字型の、側面が切り立った谷は氷河によってつくられたもので、氷河がゆっくりと斜面を移動する際に大地を削ってできたものだ。

現象 侵食
Erosion

流れる水や風が、ゆっくりと表面の土や岩を削り取っていく現象。崖面は侵食によって徐々に後退している。

現象 火成岩の形成
Igneous rock formation

地球内部の熱でとけたマグマが冷却しつくられた岩石。結晶構造を持つものやガラス質のものがある。火山から溶岩として噴出して急激に冷え固まってできたもの（火山岩）や、地下深くでゆっくり冷却したもの（深成岩）などがあり、それによって結晶構造やガラス質などの岩石の特徴が変わる。

現象 イオン化（電離）
Ionisation

原子から電子を奪ったり、または、電子を与えたりすることで、原子を、電気を帯びた状態のイオンにすること。稲妻は空気中の分子をイオン化し、それによって空気は電気を通す導体になる。

現象 湖水効果の雪
Lake-effect snow

暖かい湖水の上を冷たい風が通過した時に、水蒸気の供給を受けて上昇気流をつくる。この水蒸気量の多い空気が上空の冷たい空気と出会い雪を降らせること。

現象 アイソスタシー
Isostatic equilibrium

浮力に似た作用で、山にかかる重力と地殻からの上向きの力のつり合いがとれていること。氷河がなくなりつつある山の高さが少しずつ高くなっていることがこれによって説明できる。

現象 気温減率
Lapse rate

高度が高くなるとともに気温が下がる割合のこと。山では、100メートルあたり約0.65℃気温が下がる。このことは、高い山の山頂では一年を通して雪が降ることを説明する。

現象 ジェット気流
Jet stream

大気上層の速い気流のこと。秒速100メートルを超えることもある。飛行機が同方向のジェット気流の中に入ると、対地速度が増して旅程が短くなり、燃料効率が良くなる。

現象 落雷
Lightning strike

雷雲と地面との間で放電が起こること。この放電に人が巻き込まれると、重傷を負ったり死亡することもある。最も多く落雷にあった個人はパークレンジャーのロイ・サリバン氏で、7回の落雷から生還している。

現象 カタバ風
Katabatic wind

冷たく密度の高い空気が山から吹き降りてくること。暖かく密度の低い空気の下に重力の力で入り込むように吹く。日本で「〇〇おろし」のようによばれる風はカタバ風だ。

現象 山塊効果
Massenerhebung effect

風よけとなる高い山に囲まれている山は、熱を逃がさないため、孤立した山よりも森林限界が高くなるという効果。

現象 変成岩の形成
Metamorphic rock formation

変成岩は、もともとあった岩石が、熱と圧力によって性質が変化してできた岩石のうち、岩石がとける経過をともなわないもの。火成岩のもととなるマグマが近くに入り込んできたり、地殻変動によって大きな圧力がかかったりしてできる。

現象 天然原子炉
Natural fission reactors

地下に十分な量のウランが存在するウラン鉱床で、核分裂連鎖反応が自然に起こる現象のこと。ガボン共和国のオクロにあるウラン鉱床が有名で、17億年前には天然原子炉現象が起こっていたと考えられている。

現象 酸化
Oxidation

空気中の酸素が物質と反応すること。より広く、物質を構成する原子やイオンなどが電子を放出することをいう場合もある。鉄の酸化によって鉄橋に錆が生じる。

現象 パレートの法則
Pareto principle

所得分布についての経験則。多くの場合、80%の成果は、20%の原因によってもたらさせるというもの。この街では資産の80%を、20%の人口が所有している。

現象 ピンゴ
Pingos

永久凍土のある地域で見られる、円すい形の中心に氷塊を持つ小さな丘のこと。地底湖や地下水で満たされた地層が凍り、体積が膨張することで形成される。

現象 プレートテクトニクス
Plate tectonics

地球表面のプレートの運動によって大陸の移動や、地震・火山噴火などを説明する理論のこと。二つの大陸プレートが衝突して、その間にあった海のプレートが強い力で圧縮されて大きく盛り上がると、ヒマラヤ山脈のような山脈ができる。

現象 電位差
Potential difference

ある場所と別の場所との間の電圧の差のこと。雲と地面の間の電位差が雷の引き金になる。

現象 交叉切りの法則
Principle of intrusive relationships

岩石の年代測定のための地質学的方法。火成岩が堆積岩を横断している場合は、火成岩の方が年代が若いといえる。このような入り込みによって、バソリス（地下深いところで固まった花崗岩が地上に露出しているもの）のような地形ができる。

現象 堆積岩の形成
Sedimentary rock formation

堆積岩とは、砂などの堆積物が圧縮されたのちに、地下水に含まれる物質によって粒子が結合されて形成された岩石。水の作用を受けて水底に堆積したり、陸上で堆積したりしたものが長期間かかって固い岩石となる。堆積岩は地層をつくり、化石を含む場合がある。

現象 気温逆転層
Temperature inversion

大気中では普通上に行くほど気温は下がるが、気温の逆転が起こって暖かい空気の層が冷たい空気層の上に保持されている状態のこと。逆転が起こっているとき、二つの層は混じり合いにくく、大気汚染物質が下の層に閉じ込められて濃度が上がったり、低層雲を形成したりする。

現象 表皮効果
Skin effect

送電ケーブルの中を流れるような交流電流が導体を流れるときに、電流が導体の表面付近のみに流れる現象。交流によって磁場が時間的に変化することにより生じた誘導電流が、内部の電流を打ち消すためである。電線の内部は電流が流れないため、抵抗が増えたのと同じ状況をつくる。

現象 摩擦電気効果
Triboelectric effect

摩擦することで静電気が発生する現象。風船で猫をこするのと同じ電気的効果が、大気中で非常に大きなスケールで起こっている。それは雲の中で浮遊する小さな氷の結晶がぶつかり合うことで生じているもので、これによって雷が生まれる。

現象 太陽エネルギー
Solar energy

地球が受けるエネルギーのほとんどは太陽からのものだ。太陽からの放射エネルギーによって大気や水が循環し気象がつくられている。大規模な太陽光発電設備であるソーラーファームのモデルは、太陽放射の電磁エネルギーを利用している。

現象 津波
Tsunami

地震や火山の噴火によって、水塊が急激にその位置を変え発生する波のこと。波長が長い波で、水深が深いところでは移動速度が速い。岸が近くなり、水深が浅くなると速度を減じて、波の高さを増す。

現象 沈み込み
Subduction

地球の表面を覆う地殻プレートが別のプレートの下に潜ること。海洋プレートが大陸プレートの下に沈み込むとき取り込まれた水が地中深くまで運ばれマントル中に放出されることでマグマが生じる。まわりと比べ高温で軽いマグマが地表まで上昇することで火山帯がつくられる。

現象 前線《気象》
Weather front

異なる温度と圧力を持つ空気塊の間の境界のこと。前線付近では、様々な気象現象が生じる。暖かい空気塊が冷たい空気塊の方へ移動する場合の境界は温暖前線といい、天気図上では半円で示され、冷たい空気塊が暖かい空気塊の方へ移動する場合は寒冷前線といい、三角形で示される。

地　球

── 絵の中からさがしてみましょう ──

酸性雨　　未来の海面水位地図　　温室効果　　磁気圏　　エルニーニョ

地 球

 法則 ニュートンの万有引力の法則
Newton's law of gravitation

すべての物体の間には引力がはたらくという法則。引力は引き合う物体の質量の積に比例し、距離の二乗に反比例する。ニュートンは、引力は物体の重心の間ではたらくとしている。これは、人が地球上のどこにいても適用される。

 法則 熱力学第二法則
Second law of thermodynamics

外部と物質やエネルギーのやり取りがない場合、エントロピー（無秩序さ）は同じままか、多くの場合は増大するという法則。この子のような"生けるもの"は、単なる要素の集合よりもエントロピーが小さい。これは、生物は太陽からのエネルギーを消費してエントロピーを小さく保っているからだ。

現象 酸性雨
Acid rain

二酸化硫黄や窒素酸化物などの大気中の汚染物質が雨水に溶けてできる酸性の雨のこと。酸性雨は動物や植物、そして建物にダメージを与える。

 現象 地図投影法
Alternative projection map

球体である地球の地図を平面に投影する方法のこと。様々な方法が存在し、それぞれに利点がある。ここにある方位図法では、中心点からの距離と方向が正確だ。

現象 人工衛星
Artificial satellites

地上からロケットで打ち上げられた、地球のまわりを回る人工物のこと。人工衛星は、通信やナビゲーション、気象観測などに広く利用されている。

現象 オーロラ
Aurora effects

太陽からの荷電粒子の流れである太陽風が、地球の磁場による侵入防御に打ち勝つことで見られる大気の発光現象のこと。おもに極域で見られる。荷電粒子が非常に高いところにある大気の分子に衝突することで発光が起こる。

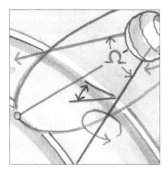

現象 重心まわりの回転運動
Barycentric rotation

月は厳密には地球を中心に回っているのではなく、月と地球は共通の質量中心（共通重心）のまわりを回転運動している。月と地球の共通重心は、地球の表面から少しだけ内側にあるので、月と地球の間の運動で地球も小さく回転運動している。

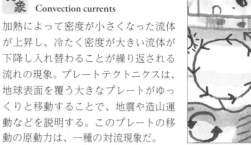
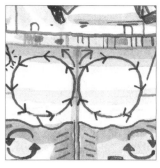

現象 対流現象
Convection currents

加熱によって密度が小さくなった流体が上昇し、冷たく密度が大きい流体が下降し入れ替わることが繰り返される流れの現象。プレートテクトニクスは、地球表面を覆う大きなプレートがゆっくりと移動することで、地震や造山運動などを説明する。このプレートの移動の原動力は、一種の対流現象だ。

現象 温室効果ガスとしての二酸化炭素
Carbon dioxide as greenhouse gas

化石燃料の燃焼や、火山の噴火によって排出される二酸化炭素は、地球温暖化をもたらす主要な温室効果ガスのひとつだ。温室効果ガスは、太陽によって温められた地球の表面から放射された赤外線を吸収し、再放出することで大気を温める。

現象 コリオリの力
Coriolis force

地球のような大きな回転する物体の表面を移動するときに、進行方向に対して直角方向にはたらく見かけの力のこと。北半球では進行方向に対して右側に、南半球では左側に運動の向きを変えるようにはたらく。

現象 カオス理論
Chaos theory

初期の条件のわずかな変化が結果に大きな違いをもたらすような現象を扱う学問のこと。天気は、カオス性を持つ代表的なものだ。

現象 昼と夜
Day and night

地球は 24 時間かけて自転しているため、太陽の光が当たる部分が移動し、これによって昼と夜ができる。

現象 気候変動
Climate chang

自然または人為的な原因による気候の変化のことをいう。現在、気候は温暖化の傾向にあり、海面の上昇や生物の生息地の変化を引き起こしている。この影響は、海抜が低く、農地や水資源に乏しいサンゴ礁の島で大きい。

現象 地球の内部構造の探査
Discovering Earth's structure

地震などの現象で地球内部を通過する衝撃波の偏向や吸収の様子から、地球内部の構造を推定することができる。地震計はこれらの信号を拾い上げる計測器だ。

 現象 **地震**
Earthquakes

地表面が振動する現象。通常、地殻の
プレートが動くことで地下の岩盤がず
れたり破壊されたりして生じる。地震
は大災害を起こすこともある自然現象
だ。

現象 **赤道付近の膨らみ**
Equatorial bulging

地球は自転によって遠心力がはたら
き、これによって地殻には赤道に向
かって押し出すような力がはたらく。
そのため地球は真ん丸な球体ではなく
わずかに扁平な楕円体だ。

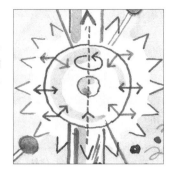

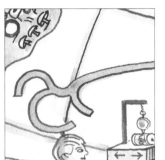

現象 **エルニーニョ現象**
El Niño effect

太平洋の赤道域での海面水温分布が変
化する現象。通常よりも貿易風が弱ま
ることで太平洋の中央〜東側の海面水
温が高くなる。その海域だけでなく、
世界的な異常気象の原因となってい
る。

現象 **分点**
Equinoxes

太陽のまわりを公転している地球の軌
道上で、太陽の中心がちょうど地球の
赤道の真上に来た時の天球上の点のこ
と。年に2回、春（春分）と秋（秋分）
にあり、この日は昼の長さと夜の長さ
が等しくなる。英語の equinoxes は
で equi-"等しい"と、nox"夜"から
できていて、文字通り「等しい夜」だ。

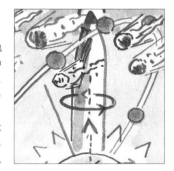

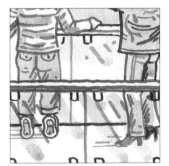

 現象 **電磁気力**
Electromagnetism

自然界の基本的な四つの力のうちのひ
とつ。電磁気力は物体を構成する原子
どうしを結びつけて、物体がお互いを
通り抜けることを防ぐので、私たちは
通路から沈んでいかずに立っていられ
る。

 現象 **速い炭素循環**
Fast carbon cycle

植物が成長のために吸収した炭素が動
物によって消費されるという循環のこ
と。炭素は生物が朽ちることでまた大
気中に放出される。

 現象 **エトベシュ効果**
Eötvös effect

遠心力による重力変化の効果。重力は、
地球と物体の間にはたらく引力と、地
球の自転による遠心力を合わせたもの
だ。地球の自転方向と同じ東に向かう
船は、自転速度に船の速度が足される
分だけ遠心力が大きくなる（逆もまた
同じ）。東へ向かう船は西へ向かう船
よりも重力が小さくなっている。

 現象 **未来の海面水位地図**
Future sea levels map

海水位が上昇した未来の海岸線の可能
性を示した地図のこと。気候変動に
よって海面が上昇するのは、水の温度
膨張と、陸上にあった氷河などの氷が
とける両方の影響による。

現象 **地球同期軌道**
Geosynchronous orbit

地球の自転と同じ速さで地球を周回する道筋のこと。静止軌道ともいう。地球同期軌道上の衛星は、地表の同じ地点の上空に留まる。

 氷河期
Ice ages

地球の寒冷化によって、極域の氷が大陸の大部分に広がった時期のこと。氷河期に氷に閉じ込められてしまったマンモスが発見されている。

現象 **地球温暖化**
Global warming

気候変動の結果として、地球の温度が上昇していること。この影響は極域で最も強く、大量の氷がとけている。

現象 **磁極**
Magnetic poles

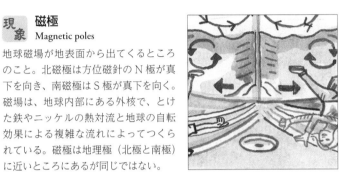

地球磁場が地表面から出てくるところのこと。北磁極は方位磁針のN極が真下を向き、南磁極はS極が真下を向く。磁場は、地球内部にある外核で、とけた鉄やニッケルの熱対流と地球の自転効果による複雑な流れによってつくられている。磁極は地理極（北極と南極）に近いところにあるが同じではない。

現象 **温室効果**
Greenhouse effect

水蒸気、二酸化炭素やメタンのような気体分子が、太陽のエネルギーを受けて温められた地表面から放出された赤外線を吸収・再放出することで地表を温め、地球を温暖化させる仕組みのこと。

現象 **磁気圏**
Magnetosphere

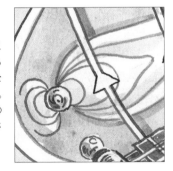

地球磁場に支配されている空間のこと。磁気圏によって、地球は太陽から放出されている太陽風（磁場をともなうプラズマの流れ）から守られている。磁気圏がなければ太陽風の荷電粒子の流れによって、地表は放射線にさらされ、地球大気は剥がされてしまう。

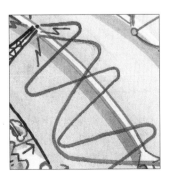

現象 **ヘビサイド層**
Heaviside layer

大気上層にある電荷をおびた気体分子が存在する層のこと。電離層ともよばれる。地球の曲率に合わせて電波をはね返すため、電波がより遠くまで届くことを可能にしている。

現象 **温室効果ガスとしての
メタン**
Methane as greenhouse gas

メタン（天然ガス）は、二酸化炭素よりも強力な温室効果ガスだ。その主な発生源となるのが、ウシなどの反芻動物の消化器官だ。

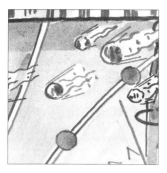

現象 地球近傍小惑星
Near Earth asteroids

太陽のまわりを回る軌道が地球の軌道と近い小惑星のこと。太陽系形成初期に形成された微小天体のうち、小惑星サイズ（1キロメートルないものから数百キロメートルまで）のもの。

現象 オゾン層
Ozone layer

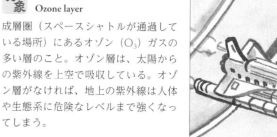
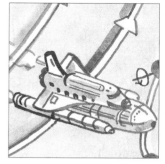

成層圏（スペースシャトルが通過している場所）にあるオゾン（O_3）ガスの多い層のこと。オゾン層は、太陽からの紫外線を上空で吸収している。オゾン層がなければ、地上の紫外線は人体や生態系に危険なレベルまで強くなってしまう。

現象 ニュートリノ
Neutrinos

物質を構成する最小の単位である素粒子のひとつ。他の物質との相互作用が非常に弱く、物体の中をそのまま通過してしまう。スーパーカミオカンデでは、太陽から放出され、太陽に面する昼側から地球を通り抜けてきたニュートリノを、夜の側で検出し、それで太陽活動を観測している。

現象 古地磁気
Paleomagnetism

鉄を含む岩石に残されている地質時代の地磁気の記録のこと。これらは現在の地球磁場とは異なる方向を向いていて、この情報から、地殻変動によって移動したプレートの昔の位置を追跡することができる。

現象 窒素循環
Nitrogen cycle

自然界を窒素が様々に巡っている現象のこと。例えば、植物と共生するバクテリアが大気中の窒素を固定し、植物の根から吸収され、食物連鎖をめぐった後に動物の遺骸が別のバクテリアによって分解され、ふたたび大気中に戻されるような自然界のサイクルがある。

現象 岩石サイクル
Rock cycle

岩石が、温度や圧力が異なる地球の領域を移動することで、堆積岩、変成岩、火成岩という岩石の三つの主要タイプを移行していくこと。

現象 傾斜角
Obliquity

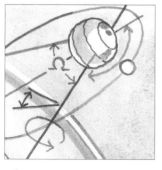

回転する物体の回転軸と軌道を回る経路の間の角度のこと。地球の自転軸は太陽を回る公転軌道に対して約23.4度傾いているが、これが四季を生じさせている。

現象 海洋底拡大
Sea floor spreading

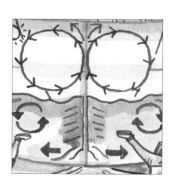

大洋の底の中央海嶺から、マントル対流によって高温の岩石が湧き出し地殻プレートが移動することで、古い海底を押しやって海底が広げられ、冷えることで徐々に新しい海洋地殻が形成されること。

現象 遅い炭素循環
Slow carbon cycle

海洋中で炭素が貝殻などの有機物を経て海底に堆積し岩石の一部となり、最終的に風化や火山活動によって大気中に再放出されるというサイクルのこと。

現象 貿易風
Trade winds

北半球の低緯度を東から西へ吹く卓越した風のこと。帆船による貿易に利用されたことからこの名がある。

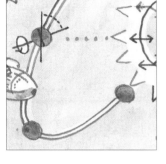

現象 至点
ISolstices

太陽を周る公転軌道に対して傾斜角を持って自転している地球が、軌道上で太陽の中心に対する地球の表面が最北端（夏至）と最南端（冬至）になる時の天球上の点のこと。北半球では夏至の日は一年で一番日が長く、冬至の日は一番日が短くなる。

現象 火山噴火
Volcanoes

地殻変動による圧力でマグマが地殻を突き破って上昇し、溶岩となって流れ出てくる現象。

現象 強い相互作用
Strong interaction

クオークを結合して陽子と中性子をつくり、陽子と中性子を結び付けて原子核にする力のこと。自然界の基本的な四つの力のうち、最も強い力。この図は、強い相互作用を含む粒子の相互作用を示している。

現象 水循環
Water cycle

太陽が海洋から水を蒸発させることから起こる、自然の中で継続されている、水の循環現象のこと。水は雨となって降り、しばしば生物によって利用されたのちに再び海に戻ってくる。

現象 熱塩循環
Thermohaline circulation

温度と塩分によって決まる海水の密度差が原動力の、海洋の循環のこと。海面から深海まで、長い時間をかけて巡る。大西洋の北部には、重くなった海水が沈み込む海域がある。それを補うように南から温かい海流が流れてくるため、緯度のわりにヨーロッパは温暖な気候だ。

現象 弱い相互作用
Weak interaction

原子核の崩壊を担う力のこと。火山活動の熱源のほとんどは地球内部で起こっている核反応であるため、弱い相互作用は火山活動の間接的な原因だといえる。

太陽系

絵の中からさがしてみましょう

ラグランジュ点   **オールトの雲**   **ウィルソン効果**   **ケプラーの第三法則**   **彗星**

太陽系

法則 角運動量保存の法則
Conservation of angular momentum

宇宙のあらゆるものが回転している理由を説明する法則。角運動量とは物体の回転運動の大きさを表す量。回転しているダンサーが、広げた腕を引き寄せると回転が速まるように、何らかの運動をしていた物体が引力によって互いに引き合い距離が短くなると回転運動が増幅される。

法則 ダーモットの法則
Dermott's law

主要な衛星の公転周期は、衛星と惑星の距離が近い方から順番に、それぞれの惑星に特有な定数の累乗に比例するという経験則。

法則 ケプラーの第一法則
Kepler's first law

惑星の軌道は楕円であり、太陽は楕円の焦点（円の中心にあたるもので、楕円には二つある）のひとつに位置するという法則。この小鳥捕り（小鳥をとらえて売る職業の人）は、舞台中央で歌う歌手を太陽として、まわりを巡る惑星のような役割を務めている。

法則 ケプラーの第二法則
Kepler's second law

各惑星と太陽を結ぶ線が一定時間に描く面積はそれぞれ等しくなるという法則。面積速度一定の法則ともいう。バンジージャンプに使われる伸縮性のあるロープで女王のまわりの軌道を保っている小鳥捕りは、この法則に従って運動している。

法則 ケプラーの第三法則
Kepler's third law

譜面台に示されているように、楕円を描いて太陽を回る惑星の公転周期の2乗は、その楕円の中心から焦点までの距離の3乗に比例するという法則。

法則 キルヒホッフの分光の第二法則
Kirchhoff's second law of spectroscopy

太陽表面にあるような、高温で低密度の気体から放出される光は、プリズムで分光すると、単一色ではなく、そこに存在する元素の種類によって異なる、多色の線状のスペクトルになるという法則。

キルヒホッフの分光の第三法則
Kirchhoff's third law of spectroscopy

プリズムで分光すると虹色になる連続スペクトルで構成された光が、比較的低温で低密度の気体の中を通過した際には、元の連続スペクトルに黒い線（暗線）が入るという法則。黒い線は、気体中の元素によって特定の波長の光が吸収されるため生じる。

現象 黒体放射
Black body radiation

熱せられた黒体から放出される熱放射のこと。黒体とはすべての波長の放射を完全に吸収する仮想の物体のこと。このとき発する光は、物体の温度によって決まる。太陽光は、太陽の熱い表面によってつくられたもので、これはほぼ黒体放射とみなしていい。

現象 質量降着《天文学》
Accretion

まとまって回転しているたくさんの気体や塵が重力によって引き合って集まり、天体になること。太陽を中心とした惑星や小天体からなる太陽系は、この過程を経て形成された。

現象 彗星（すいせい）
Comets

細長い楕円軌道で太陽のまわりを回る「汚れた雪玉」と例えられる核を持った小天体のこと。彗星は太陽に近づくと、温められて気体や塵が放出され、太陽の反対側に光の尾をたなびかせる。これが彗星がほうき星とよばれるいわれである。

現象 アルベド
Albedo

天体が、入ってきた光をどのくらい反射するかの度合いのこと。百分率で表される。地球は雲と氷が光をよく反射するため、アルベドは高くなっている。

現象 食
Eclipses

ある天体が、太陽と他の天体の間に入り影を落とすこと。月食のとき、月には地球の影がかかるが、地球大気によって屈折散乱された太陽の光が届くために、暗く赤く見える。

現象 バルマースペクトル線
Balmer spectral lines

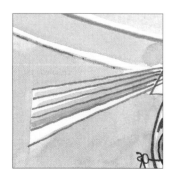

水素原子が光を吸収・放出する際の固有の波長によってつくられる線スペクトルのうち、可視光域の四つを指す。太陽や他の星からの光のスペクトルにある暗線は、元素が特定の色の光を吸収するためなので、バルマースペクトル線が暗線になっているということは、その星に水素がある証拠だ。

現象 黄道（こうどう）
Ecliptic

太陽のまわりを公転する地球の軌道平面のこと。太陽と地球を線で結んだ際に、一年間で描かれる平面。

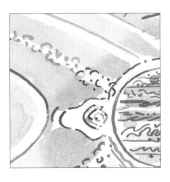

現象 電磁放射
Electromagnetic radiation

電気と磁気の相互作用である電磁波によって運ばれるエネルギーの流れのこと。木星をはじめとする多くの天体は、様々な波長を持つ電磁放射全体のうちの一部の電磁波を放射している。

 温室効果
Greenhouse effect

大気中の気体によって惑星が保温されること。似たような大きさの地球より太陽に近く、暑い地球のようになるはずだった金星は、地球よりも二酸化炭素に富む大気をもっているため、強い温室効果がはたらき、表面温度は460℃前後と、地球とは似ても似つかない灼熱の惑星になっている。

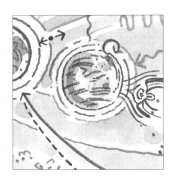

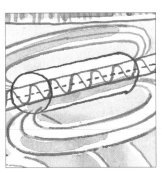

ファラデー効果
Faraday effect

光の粒子（光子）は、偏光とよばれる、光子の移動する方向に直交する方向の振動を持っている。ファラデー効果とは、光子の進行方向と平行な磁場の中にある透明な物体中を光子が進む時に偏光が回転する現象のこと。木星の持つような磁場は太陽光の偏光を回転させる。

太陽圏
Heliosphere

太陽風の範囲にあって、太陽が影響を及ぼす領域のこと。NASAの2機のボイジャー探査機はこの領域の端に到達し、太陽圏を出ている。

ジャイアント・インパクト説
Giant impact hypothesis

月が地球の衛星としては異常に大きい理由を説明する、月の起源に関する有力な学説。惑星サイズの天体が、まだ若い地球に衝突し、飛び散った大きな塊が月になったというもの。

ヒル圏
Hill sphere

太陽まわりを公転する地球のような、重い天体のまわりを公転する天体の重力が及ぶ範囲のこと。地球では地球の重力場が支配的な範囲のこと。衛星が地球の軌道を回るためには、ヒル圏の内側にある必要がある。これより外側にあると地球とは独立に太陽のまわりを公転する軌道を持つようになる。

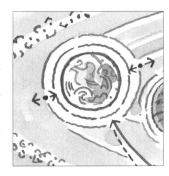

重力（万有引力）
Gravity

天体の物理でいう重力は、万有引力のこと（112ページ「ニュートンの万有引力の法則」を参照のこと）。惑星の軌道は重力によって決定されている。海王星の存在は、その重力が他の惑星の軌道に影響を与えていることで予測されていた。

カークウッドの空隙
Kirkwood gaps

火星と木星の間にある小惑星帯にある小惑星の、公転周期に対する分布を見た場合、分布数が極端に少ない周期があり、隙間のように見える。木星との「軌道共鳴」（126ページ）によって木星重力の影響を強く受け、この周期の小惑星が除かれたためと考えられている。

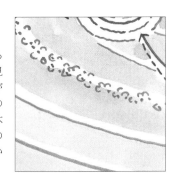

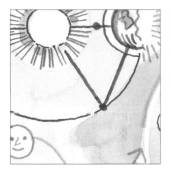

 ラグランジュ点
Lagrange points

二つの質量の大きな天体の相互作用によって重力的に安定な位置のこと。地球と太陽の間には、このような位置が五つある。ここでは人工衛星などの物体が太陽と地球との相対的な位置を変えずに居続けることができる。

ニースモデル
Nice model

初期太陽系の力学的進化に関する理論モデル。このモデルでは、木星のような巨大惑星は最初、太陽に近い位置にあり、外側に移動していったと考えられている。フランスのニースにある天文台で開発されたためこの名があり、英語のナイスともかけている。

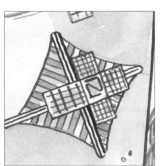

 光圧
Light pressure

光子が、吸収や反射をした物体に与えるわずかな圧力のこと。宇宙では、人工衛星の推進力としてソーラーセイル（太陽からの光圧を受けて進む太陽帆）を使うことができる。

核融合
Nuclear fusion

複数の軽い原子核がひとつになってより重い元素をつくること。このとき大きなエネルギーを放出する。太陽のエネルギー源は、この核融合であり、主な反応は、水素が核融合してヘリウムを生成することだ。

火星の隕石
Martian meteorites

火星に小惑星が衝突すると、岩石の塊が吹き飛ばされ、それが隕石として地球に到達することがある。

オーベルト効果
Oberth effect

最もエネルギー効率が良い加速の仕方は、より速いスピードで運動している時に加速することであるという効果。宇宙探査機が、天体の公転運動を利用し加速するスイングバイの際に、さらに探査機の推力も使って加速するパワードスイングバイはオーベルト効果を利用している。

ニュートリノ振動
Neutrino oscillation

ニュートリノが空間を移動中に「フレーバー」を変えて異なる種類のものに変化する現象。ニュートリノが質量を持つことで起こる現象。太陽の核反応によって電子ニュートリノ（116 ページを参照）が生成されるが、観測されたその数が予想よりもはるかに少なかったのは、ニュートリノが質量を持っていたためだ。

オールトの雲
Oort cloud

太陽系の惑星軌道のはるか外側にある、氷でできた数多くの天体がある領域のこと。周期の長い彗星の中には、この領域を起源とするものがあると考えられている。

現象　軌道共鳴
Orbital resonance

公転軌道を持つ天体がお互いの重力による相互作用で軌道を変えること。軌道共鳴によって公転周期は整数の比になる。土星の衛星の中には軌道共鳴を起こしているものがある。これは、ブランコをちょうど良いタイミングで押してやると振れが大きくなるという現象と少し似ている。

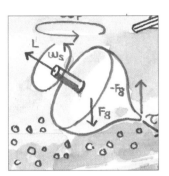

現象　歳差運動
Precession

回転する物体の軸の方向や、軌道を回る物体の軌道が、時間とともに変化すること。これは、惑星の軌道が徐々に変化していく様子や、回転するコマに見られる運動だ。

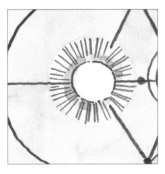

現象　量子トンネル効果
Quantum tunnelling

量子の位置は確率的なものなので、見たところ破ることができないような障壁をいくらかの確率で突き抜けることができること。量子トンネル効果がなければ、太陽の中の水素イオンは、お互いの静電気的な反発力によって、核融合するための十分な距離まで近づくことができない。

現象　レイリー・ベナール対流
Rayleigh–Bénard convection

流体が下から加熱された時に対流によってできる、カエルの卵のような形の模様のこと。この対流現象は太陽の表面でも起きている。

 ### 現象　逆行自転
Retrograde rotation

太陽系のほとんどの惑星は同じ星間分子雲が重力によって収縮していく過程でできたものなので、同じ方向に自転している。しかし金星は他の惑星とは逆方向に自転している。これは、大昔に小惑星がぶつかったためと考えられている。

現象　自己組織化システム
Self-organising system

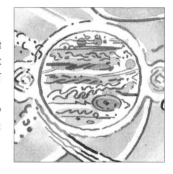

複雑で無秩序に見える状態から、自律的に秩序が生まれていく系のこと。木星の大赤斑は地球よりも大きく、何百年も存在している。これは地球上のメキシコ湾流のように、カオス性を持つシステムの効果によって生み出された長期間存続する流体の流れだ。

現象　恒星周期
Sidereal period

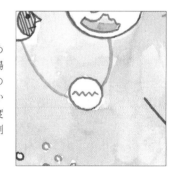

太陽系外にある、十分遠くにあるため定点として扱える恒星に対して、太陽系内の天体が、軌道を一周するまでの時間のこと。月の恒星周期は、地上から十分遠い星を目印として、もう一度同じ位置関係に戻るまでの時間で測る。

現象　太陽フレアとコロナガスの噴出
Solar flares and coronal mass ejections

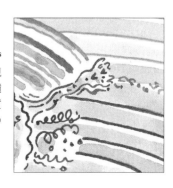

太陽フレアは太陽表面に突如として現れる爆発現象である。コロナガスの噴出は、太陽表面から電荷をおびた物質が吹き出すこと。太陽フレアは多くの場合、コロナガスの噴出をともなう。

現象 太陽風
Solar wind

太陽から全方向に向かって絶え間なく流れる電荷をおびた粒子（プラズマ）の流れのこと。

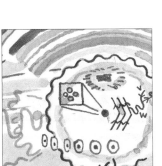

現象 強い相互作用
Strong interaction

原子核内の基本粒子である素粒子をまとめる力（核力）のこと。太陽内部の核融合では、融合後のヘリウム原子の結合エネルギー（核力による結合の強さ）が、融合前の四つの水素原子の結合エネルギーの合計より小さくなるため、余ったエネルギーが熱や光として放出される。これが、太陽エネルギーの源だ。

現象 黒点周期
Sunspot cycles

黒点とは、太陽表面に暗く見える領域で、磁場の影響によって形成される温度の低い場所のこと。黒点は形成と消失をくり返し、その数は増減する。その変動はおよそ11年の周期を持つ。黒点周期とは、この11年の周期のこと。

現象 潮汐ロック（同期自転）
Tidal lock

地球の月への万有引力（潮汐力）が、月の形をゆがめ、徐々に月の自転周期を変化させて、月が地球に対して常に同じ面を見せるようにしたこと。

現象 ウィルソン効果
Wilson effect

太陽の黒点が太陽表面の中心近くにある時よりも、縁の方にある時の方が狭く見える効果。18世紀に観測で見つけられた。このことから黒点は、太陽を周回している物体ではなく、太陽表面にあるものだと分かった。

現象 蛍光X線
X-ray fluorescence

X線を照射された物質が放射する、特定の種類のX線のこと。物質に含まれる原子の種類によって異なる。金星がX線を発するのは、太陽からのX線を大気で吸収して再放出しているためだ。これを蛍光散乱という。

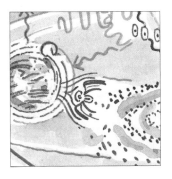

現象 ヤルコフスキー・オキーフ・ラジエフスキー・パダック効果
Yarkovsky–O'Keefe–Radzievskii–Paddack effect

小惑星などの小天体が、太陽放射を吸収・再放出することで自転速度が変化することを説明する効果。略して「YORP」とよばれる。

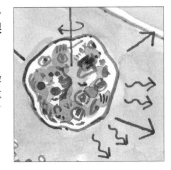

現象 ゼーマン効果
Zeeman effect

強い磁場のなかに原子を置くと、原子が発する光のスペクトル線が3本またはそれ以上に分割する現象。太陽黒点には強い磁場があり、この効果が生じている。

大宇宙！

絵の中からさがしてみましょう

チャンドラセカール限界　　ドレイク方程式　　クエーサー　　黒体放射　　ジーンズ質量

大宇宙！

 法則 角運動量保存の法則
Conservation of angular momentum

回転の「勢い」は保存されるということを説明する、回転の腕の長さに質量と回転の速さをかけたものは一定になるという法則。スケート選手が腕を引き寄せると回転が速くなるのも、銀河が渦巻状に形成されるのも、角運動量が保存されるためだ。

 法則 クーロンの法則
Coulomb's law

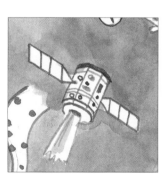

電荷をおびた粒子間の力を説明する法則。衛星が軌道上で位置を変えるために使われるイオンエンジン（イオンスラスタ）は、電気的な反発力を利用してイオンを放出し、推進力を得ている。

 法則 ハッブルの法則
Hubble's law

最も近い隣人である他の銀河は、私たちの天の川銀河から遠いほど大きい速さで遠ざかっているという法則。これは、宇宙が膨張していることを示す。

 法則 逆二乗の法則
Inverse square law

距離の2乗に反比例して放射や万有引力、電場や磁場などの効果は減少するという法則。光の明るさは光源からの距離の2乗に反比例するため、星や銀河までの距離を測るのに使われている。

 法則 ニュートンの第三法則
Newton's third law

作用・反作用の法則のこと。ニュートンの第三法則は、ロケットが推進する機構を説明する。ロケットの燃焼ガスが宇宙船の外に押し出されると、これと大きさが等しく、向きが反対の力が発生し、宇宙船は前進する。

 法則 スネルの屈折の法則
Snell's law of refraction

光の速さが異なる媒体間を通る際に、光線がどのように方向を変えるかを説明する法則。プロジェクターのレンズは、スネルの法則によって焦点が合っている。

法則 不確定性原理
Uncertainty principle

空間における粒子の存在は確率によって決まるという、量子力学の基本原理。不確定性原理によれば、粒子は空間内で、一瞬のうちに現れたり消えたりする。まるで出てきたと思ったらすぐに引っ込んでしまう「宇宙人たたきゲーム（モグラたたきの宇宙人版のもの）」のようだ。

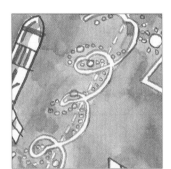

現象 位置天文学
Astrometry

天体の位置や運動を測定・研究する天文学のこと。位置天文学は、太陽系外にある、他の恒星を回る惑星を、惑星の重力による恒星運動のゆらぎによって検出する。

現象 黒体放射
Black body radiation

入射してくるすべての電磁波を吸収する物体＝黒体が、その温度に応じて放出する熱放射のこと。宇宙空間を満たしている宇宙マイクロ波は温度が2.7K（−270℃）の黒体放射だ。

現象 ブラックホールの形成
Black hole formation

大きな星が死んでいくときに、巨大さゆえに中心部の圧力による力が、自らの大きな重力を支えきれなくなって崩壊し、無限に収縮を続けることで、ブラックホールは形成される。

現象 チャンドラセカール限界
Chandrasekhar limit

恒星が進化の最終段階で白色矮星として安定して存在できる最大の質量のこと。質量が大きくなりすぎた星は崩壊して中性子星やブラックホールになる。

現象 宇宙マイクロ波背景放射
Cosmic microwave background radiation

宇宙空間全体を満たす微弱なマイクロ波のこと。これは、ビッグバンによる宇宙誕生後、約37万年経った「宇宙の晴れ上がり」とよばれる時期にはじめて宇宙空間を自由に進めるようになった光の波長が宇宙の膨張によって延びたものだ。

現象 ダークエネルギー
Dark energy

観測事実としてある、宇宙の加速膨張を維持するために必要な、未知の仮説上のエネルギーのこと。その源にはいろいろな説があるが、未解明である。

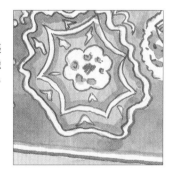

現象 ダークマター（暗黒物質）
Dark matter

電磁気的な相互作用をしない、宇宙に存在すると仮定されている未検出の物質のこと。銀河の渦巻の回転速度に対して、目に見えている物質だけでは遠心力で星は飛ばされていってしまうはずが、実際にはそうでないのは、遠心力につり合うだけの重力をもつ暗黒物質があるためと考えられている。

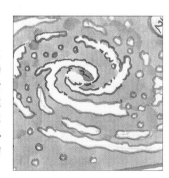

 ドップラー分光法
Doppler spectroscopy

太陽以外の恒星のまわりにある惑星を検知する方法の一つ。恒星のまわりを惑星が回っていると、その重力によるドップラー効果が生じ、恒星の色が変化して見える。小さな女の子が惑星のつもりになって、お姉さん星のまわりを回っている。

現象 太陽系外惑星の直接撮影
Exoplanet direct imaging

望遠鏡の性能が向上し、太陽系外の恒星を回るいくつかの惑星は、（恒星に及ぼす影響から）間接的に存在が確認されるだけではなく、直接見ることができるようになった。最近の成果では、ダストリング（塵の環）をもつ恒星の周辺を移動する小さな光として惑星が捉えられた。

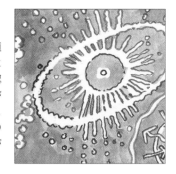

現象 ドレイク方程式
Drake equation

天の川銀河に存在する異星人の文明の数を大まかに予測するために考案された、多くの未知数を含む公式のこと。

現象 一般相対性理論
General theory of relativity

アインシュタインによる、重力を物質質量による時空の歪みとして説明する理論。非常に質量の大きな物体のそばを通過した光の経路は曲げられる。そのため、大質量の天体の真後ろにある天体の光はリング状に見え、アインシュタインリングとよばれる。

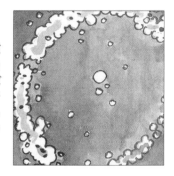

現象 食連星
Eclipsing binaries

二つの星が共通重心のまわりを回っていて（連星）、片方がもう片方を覆い隠す「食」のために明るさが変わる星のこと。

現象 重力波《相対論》
Gravitational waves

ブラックホールどうしが回転しながら衝突していく過程のような大規模な事象によって、時空間に生じる波のこと。宇宙のさざ波といわれる微弱な変化なため、地球上での測定には高い精度が要求される。

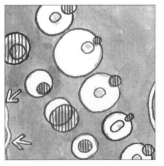

現象 エディントンバルブ機構
Eddington valve mechanism

星の内部の層の動きによって、脈動するように星の明るさが変わるメカニズムのこと。κ（カッパ）機構ともよばれる。このような機構で変光する恒星は、変光周期から光度を求められるため、逆二乗の法則（132ページを参照のこと）を利用して宇宙で距離を測るための「標準光源」として使われる。

現象 ホーキング放射
Hawking radiation

ブラックホールからの熱放射のこと。ブラックホールの重力は非常に強く、重力が作用する場に入ってしまうと光でさえ逃げられない。しかし、その境界で、量子効果で生成される対の粒子の片方は外へ放出されるため、かすかな放射が生じる。

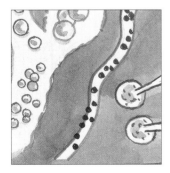

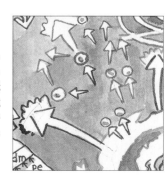

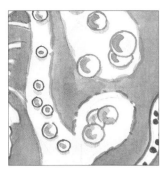

 ヘルツシュプルング・ラッセル図
Hertzsprung–Russell diagram

横軸に恒星の表面温度、縦軸に光度をとった恒星の散布図のこと。様々な恒星の種類の関係性と、時間とともに恒星がどのように進化するかが示される。

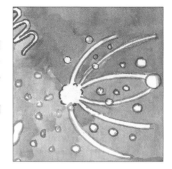

MOND
MOND

修正ニュートン力学の略称。銀河の回転の問題を、ダークマター（133ページを参照）があることで説明する代わりに、非常に大きな物体では重力による引き寄せが変わるという理論で説明するもの。

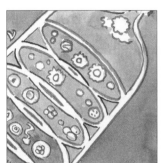

 インフレーション理論
Inflationary theory

宇宙が誕生して間もない頃に急激な加速膨張が起こったことを示唆する理論。現在の宇宙の姿を説明することを助けるが、まだ理論に裏付けがない状態である。

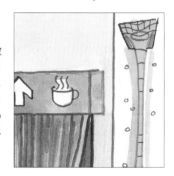

多元宇宙論
Multiverse theory

宇宙はひとつ（Uni）ではなく多数（Multi）存在するかもしれないという仮説のこと。何度もビッグバンが起こり、液体の表面にある泡のように多くの宇宙が膨張したという説などがある。ユニバースに対してマルチバースという。

 ジーンズ質量
Jeans mass

星間ガス雲が十分な引力を持って収縮して恒星を形成するために必要な質量のこと。

 星雲
Nebula

宇宙空間にあるぼやけた斑点のようにみえるもの（Nebula はラテン語で「雲」の意）。星の爆発の残骸などの光り輝くガスの雲であり、かつ星が形成されている場所でもある。

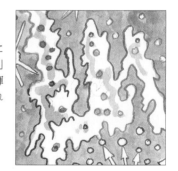

 レンズ・サーリング効果
Lense–Thirring effect

一般相対性理論の効果で、回転する巨大な物体が、蜂蜜の中でスプーンを回したように時空を引きずる現象。

 中性子星の形成
Neutron star formation

超新星爆発を起こした星の残骸が中性子星になる。中性子星は、ほとんどが中性子でできていて、とても高密度であり、ティースプーン1杯分で10億トンもある。

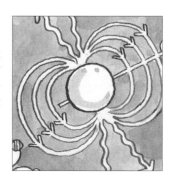

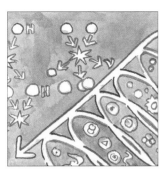

現象 元素合成
Nucleosynthesis

ビッグバンの後の宇宙の成長の際に、主に多量の水素とヘリウムが生成された。恒星内部での核融合反応で鉄までの重い元素が合成される。さらに超新星爆発の圧力によって、それよりもさらに重い元素が合成される。自然界に存在する94種類の元素のほとんどがこのようにしてつくられている。

現象 宇宙原理Ⅰ（一様性の原理）
Principle of homogeneity

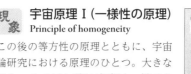

この後の等方性の原理とともに、宇宙論研究における原理のひとつ。大きなスケールで見た時に宇宙は一様であり、どこで観測したとしても同じ観測結果が得られるという仮定。

現象 オルバースのパラドックス
Olbers' paradox

もし宇宙が無限で、あらゆる方向に一様に星があるならば、空は昼夜関係なく全体が明るいはずだという逆説のこと。これに対する最初の解答として、エドガー・アラン・ポー（アメリカの小説家）は、光速と宇宙の寿命が有限であるため、我々は比較的近くの星しか見ていないと指摘している。

現象 宇宙原理Ⅱ（等方性の原理）
Principle of isotropy

大きなスケールで見た時に宇宙は等方的であり、どの方向を見て観測しても同じ観測結果が得られる（物理法則が当てはまる）という仮定。

現象 視差
Parallax

片方の目をふさいで見た時と、先程と逆の目をふさいで見た時に、物体が移動して見えるような、二つの視点から見た時の差のこと。天体の距離を求めるには視差がよく使われる。

現象 パルサー
Pulsar

高速で自転する強く磁化した中性子星のこと。規則的なパルス状の電波を発することから、観測当初は宇宙人からの通信ではないかと推測されていた。

現象 プラズマ兵器
Plasma weapon

サイエンスフィクションに登場する光線銃の中でも実現可能なもののひとつ。プラズマ兵器は、電磁反発によって超高温のイオン化ガスのビームやパルスを発射する兵器だ。

現象 クエーサー
Quasar

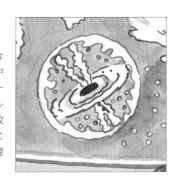

「準恒星状天体」の略称で、活動的な銀河の強い光やX線を放射している中心部分（活動銀河核）のこと。クエーサーの中心には超巨大ブラックホールがあり、通常の銀河の数千倍の光を放出している。物質が飲み込まれる際に解放される重力エネルギーが放射の源となっている。

現象 同時性の相対性
Relativity of simultaneity

特殊相対性理論では空間内の事象の同時性は、相対的な運動に依存する。止まっている人から見ると同時に落とされたようにみえるトレーに対して、動きの速いスケーターからは、一方が他方よりもわずかに早く落ちたように見える（※スケーターが近づいていく方のトレーの方が早く落ちて見える）。

現象 恒星コアの崩壊
Stellar core collapse

超巨大な恒星のコアが重力によって崩壊する際に、その恒星の残骸は吹き飛ばされる。超新星をもたらす二つめのメカニズムである。

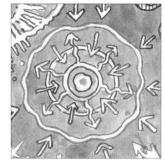

現象 ロケット方程式
Rocket equation

ロケットに搭載された燃料やロケット全体の質量、燃料を使い切った後の質量に応じた、ロケットの速度変化を記述する方程式のこと。地球から打ち上げるロケットが、なぜ多段式でなくてはいけないのかの理由を説明する式である。

現象 トルーマン・オッペンハイマー・ボルコフ限界
Tolman–Oppenheimer–Volkoff limit

中性子星を形成するための最大質量のこと。超新星を生み出した恒星の崩壊は中性子星やブラックホールになることもある。

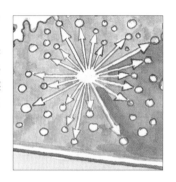

現象 暴走核融合
Runaway nuclear fusion

急激に核融合反応が進行すること。恒星の終末期の形態のひとつである白色矮星が、近接する連星などから余分な物質を取り込んで暴走核融合が起こると、超新星になる。

現象 トランジット法
Transit photometry

太陽系外惑星を見つける方法のひとつ。惑星が恒星の前を通過する際に恒星の光が弱くなることから惑星を発見する方法。

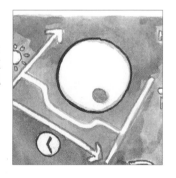

現象 ザックス・ボルフェ効果
Sachs–Wolfe effect

光子が重力場を伝わる際に、重力赤方偏移によってエネルギーを失い、宇宙マイクロ波放射に「むら」が生じる現象のこと。

現象 ビッグバンが起こった場所
Where the big bang happened

宇宙のすべての場所はビッグバンによって出現し、膨張したのだから、ビッグバンの起こった場所は、このプラネタリウムの場所を含めた宇宙のあらゆるところだといえる。

おまけのページ

絵の中にいた偉人たち　　索引（現象・法則）

絵の中にいた
偉人たち

I

ウィリアム・トムソン（ケルビン卿）
William Thomson (Lord Kelvin)
1824–1907

【おもな発見】
熱力学の法則

1824年6月26日、アイルランドのベルファストにて生まれる。ウィリアム・トムソン（後の初代ケルビン男爵）は、物理学者としてもエンジニアとしても大きな成功を収めました。ケンブリッジ大学で教育を受けた後、22歳という非常な若さでグラスゴー大学の自然哲学（現在でいう自然科学）の教授に就任しました。彼の最も偉大な功績は、熱力学の分野においてですが、大西洋を横断する電信ケーブルの施設プロジェクトにも大きく関与し、それによって1866年にナイトの称号を授与されました。彼は熱力学的に考えられる最低の温度である、絶対零度の概念を考案しました。そして非常に重要な熱力学第二法則の初期のバージョンを定式化しました。トムソンは、地球の年齢に関する議論にも貢献し、この惑星は何百万年も前から存在していたに違いないと考えていました。これは、熱力学の第二法則にもとづいて導かれました。現在考えられている地球の年齢（46億年）と比べてずいぶん若いのは、主にマントルの熱対流による熱の輸送を考慮していなかったためといわれています。当時、その理論はまだ確立されていなかったのです。1907年12月17日、スコットランドのラーグスにて死去。

2
マリー・キュリー
Marie Curie
1867–1934

放射線

1867 年 11 月 7 日、ポーランドのワルシャワで生まれる。生まれた時に付けられた名前はマリア・サロメア・スクウォドフスカです。フランスのパリにあるソルボンヌ大学で物理学を学び、この頃、名前をフランス風のマリーに変えました。大学卒業後に通った共同研究室で後に夫となるピエールと出会い、二人は 1895 年 7 月に結婚。2 年後マリーは放射能の研究をはじめました。1898 年に、ピッチブレンドという鉱物が強力な放射能源であることを発見すると、夫ピエールとの二人三脚で、ピッチブレンドからウランの 300 倍の放射能を持つ物質を取りだしました。これは、のちにポロニウムと名付けられました（注：前述の 300 倍は、完全精製されていない状態での天然ウランとの比較です）。その後、二人は別の放射性元素であるラジウムも発見します。キュリー夫妻は、1903 年に放射能に関する研究でノーベル物理学賞を受賞しました。1906 年にピエールが交通事故で亡くなるという悲劇に見舞われますが、マリーは研究を続け、1911 年にはラジウムとポロニウムの発見でノーベル化学賞も受賞。第一次世界大戦時には移動式の X 線装置を開発し、これは後の放射線医療の先駆けとなりました。1934 年 7 月 4 日に死去。長年の放射線被ばくによるものと考えられています。

3
ピサのレオナルド（フィボナッチ）
Leonardo of Pisa (Fibonacci)
c.1170–*c*.1240–50

フィボナッチ数列

1170 年頃、イタリアのピサで生まれる。レオナルドは、ニックネームのフィボナッチがよく知られています。これは「ボナッチョの息子」という意味の「フィリウス・ボナッチ」に由来します。フィボナッチの父親は、息子を連れて北アフリカに行きました。その時にフィボナッチは、アラブ人の数学者が使うインド数字に触れました。フィボナッチは、1202 年に出版した『算盤の書（Liber Abaci）』という本の中で、ゼロと九つの数字とを使う位取り記数法の計算から説きおこしたインド・アラビア算術を、西洋にはじめて紹介しました。同書でフィボナッチは、個体数の増加について研究しています。彼のシンプルなモデルでは、ウサギが成熟するまでに 1 か月を要し、そして、成熟した雌雄は毎月新しいペア（雄一匹、雌一匹）を生み、死ぬ個体はないものとしていました。結果、月ごとに、1、1、2、3、5、8、13・・・と雌雄のペアの数は増えていき、各月の値は、前の二つの月の値を足し合わせたものになりました。これは現実的な個体数増加のモデル化とはいえませんが、この数列は、ひまわりの花の中の種の並びのような、自然現象のなかに見られるものです。フィボナッチは、西欧数学の父として 13 ～ 15 世紀のイタリアの数学者たちに多大な影響を及ぼしました。1240 年頃～ 1250 年頃に死去。

4
リチャード・ファインマン
Richard Feynman
1918–88

おもな発見
量子電磁力学（QED）

1918年5月2日、アメリカのニューヨークで生まれる。リチャード・ファインマンは、物理学者の中の物理学者であり、この分野の伝説的存在です。物理学の天才であるとともに、物理学を伝えるカリスマ的な能力を持っていました。マサチューセッツ工科大学（MIT）を卒業後、ファインマンはマンハッタン計画に加わりました。これは、第二次世界大戦中の原子爆弾開発計画です。ファインマンの物理学への最大の貢献は、光と物質の化学である量子電磁力学（QED）であり、これによってノーベル物理学賞を受賞しました。彼がQEDの研究のために開発したツールである、ファインマンダイアグラムは、量子電磁力学分野の発展には欠かせないものです。ファインマンは二つの出版物によって有名になりました。赤本とよばれる、彼の大学の学部課程の講義ノート『ファインマン物理学』は、教科書としては異例のベストセラーになりました。また、回想録を書籍化した『ご冗談でしょう、ファインマンさん』は、『ファインマン物理学』とはまた別の、そして同等に魅力ある本です。1988年2月15日に死去。

5
リン・マーギュリス
Lynn Margulis
1938–2011

おもな発見
細胞内共生

1938年5月5日、アメリカのシカゴに生まれる。リン・マーギュリスは、29歳で博士号を取得してから2年後に、「細胞内共生」という画期的なアイデアを提唱しました。マーギュリスの理論は、ミトコンドリアという生体細胞内の小器官が、バクテリアに起源をもつもので、共生関係にある他の生物の細胞に吸収されたというものです。同様に、マーギュリスは、多くの植物で光合成を行っている葉緑体が、かつては独立した生物であったことを示唆しました。当初、彼女の理論はその当時の不完全なダーウィン進化論に反するものとして否定されました。十分な実験的な証拠が得られ、マーギュリスの学説が主流となるには、10年の歳月を要しました。マーギュリスはまた、地球は巨大な生物のように自己調整するシステムであるというジェームズ・ラブロックの「ガイア仮説」を支持しました。彼女は、その後も細胞構造中の共生関係を探し続け、その研究のなかでは変態を行う生物の幼虫と成虫は異なる祖先から進化したものが共生したのではという仮説も示しました。2011年11月22日に死去。

6
アイザック・ニュートン
Isaac Newton
1642–1726

おもな発見
運動の法則と万有引力の法則

1642年12月25日（旧暦、ユリウス暦 現在のグレゴリオ暦では1643年1月4日）、イギリスのリンカシャー州、ウールスソープに生まれる。ケンブリッジ大学へ入学後、アイザック・ニュートンは極めて優秀な学生として頭角を現しました。大学を卒業して間もない1665年、ペストの大流行で自宅待機を余儀なくされましたが、ニュートンが後に語ったところでは、この2年間に、落ちてくるリンゴを見たことが、引力について考えるきっかけとなったということです。ニュートンの最初の業績は工学分野のもので、初期の反射式望遠鏡を製作したことで王立協会の注目を集めました。そして、白色光が虹の色で構成されていることを証明しました。1687年には運動の法則と万有引力の法則を説いた、代表作『自然哲学の数学的諸原理（プリンキピア）』が出版されました。また、新しい数学的手法である流率法（現在は微積分として知られている）も考案し、利用していました。ニュートンはその後、王立造幣局の総裁として成功を収め、1705年には彼の政治活動に対してナイトの称号を受けました。1726年3月20日（旧暦、グレゴリオ暦では1727年3月31日）、ロンドンのケンジントンにて死去。

7
マイケル・ファラデー
Michael Faraday
1791–1867

おもな発見
電気モーター、電磁誘導

1791年6月26日、イギリス、ロンドンの貧しい家に生まれる。マイケル・ファラデーは、14歳で製本屋に徒弟奉公しました。本を読んだり、公開講座に参加したりすることで独学したファラデーは、1813年にロンドンの王立研究所に化学実験室助手の仕事を得ました。そこで優れた実験者であることを証明したファラデーは研究所の所長に昇進し、1833年には化学の教授になりました。化学の分野で少なからぬ功績を残したことにとどまらず、ファラデーの最大の発見は物理学の分野においてでした。1821年には電気モーターの背後にある現象を、1831年には電磁誘導を発見し、発電機の原理となるメカニズムをもたらしました。ファラデーはまた、物理学の理論の中心となる「場」の概念を考案し、電気と磁気の概念を統一しました。講演者としても達人であった彼は、王立研究所の一般向けの講座を大きく育てました。彼のクリスマス時の講演は『ロウソクの科学』という本にまとめられ、全世界に読者を得ています。1867年8月25日、ロンドン近郊のハンプトンコートにて死去。

8
チャールズ・ダーウィン
Charles Darwin
1809–82

おもな発見
進化論

1809 年 2 月 12 日、イギリスのシュルーズベリーにて生まれる。チャールズ・ダーウィンは、聖職者になることを目指してケンブリッジ大学で教育を受けました。しかし、そこでダーウィンは地質学と植物学に魅了されます。こうしたことから、彼は南アメリカ大陸の海岸線の地図作成を目的とした、海軍のビーグル号による 5 年間の航海への誘いに応じました。ダーウィンはこの旅で、南米とオーストラリアを訪れ、幅広い領域の標本を収集しました。ガラパゴス諸島の鳥類やカメ類の変異の観察から、彼は生物の種がどう進化したかについて仮説を立てました。しかしダーウィンが、かの有名な進化論の本である『種の起源』を出版したのは、それから 22 年後の1859 年のことでした。博物学者のアルフレッド・ラッセル・ウォレスからの手紙を受け取ったことがきっかけです。ウォレスの手紙には、ダーウィンが考えていたものと基本的に同じ、自然淘汰説の概要が書かれていたのです。1871 年には『種の起源』の続編となる、進化論の対象を人間にまで広げた『人間の由来』を出版しました。1882 年 4 月 19 日、ケント州ダウンにて死去。

9
ジョージ・ストークス
George Stokes
1819–1903

おもな発見
ストークスの法則、ストークスドリフト

1819 年 8 月 13 日、アイルランドのスライゴ県にある小さな村スクリーンに生まれる。ジョージ・ストークスは、ヴィクトリア朝時代の著名な物理学者です。学術的にたいへん名誉な地位である、ケンブリッジ大学のルーカス教授職を 54 年間務めました。これは、アイザック・ニュートンやスティーブン・ホーキングも務めた職位です。ストークスは、ケンブリッジ大学で教育を受け、その後の研究生活すべてを同大学で過ごしました。偏光や蛍光（これはストークスが名付けました）の理解に大幅な進歩をもたらし、地表面での重力変化についても有益な研究を行いました。しかし、ストークスの名前は、液体や気体の流れの科学である流体力学の分野で最も有名です。ナビエ - ストークスの方程式は、流体力学における「ニュートンの運動の第二法則」ともいえる、重要な方程式です。この方程式は、フランス人の機械工学者であるクロード＝ルイ・ナビエが正確に定式化しましたが、これには十分な科学的根拠がありませんでした。1845 年にこの方程式に科学的な裏付けを与えたのが、ストークスです。ストークスは、1889 年にナイトの称号を与えられました。1903 年 2 月 1 日死去。

10

アルフレッド・ウェゲナー
Alfred Wegener
1880–1930

おもな発見
大陸移動・プレートテクトニクス

1880 年 11 月 1 日、ドイツのベルリンで生まれる。アルフレッド・ウェゲナーは、提唱した理論が論争を巻き起こし、その理論を認めてもらうために、たいへん苦労した人です。彼は、ドイツのベルリン、ハイデルブルグ、オーストリアのインスブルックで教育を受けました。ウェゲナーは気象学を専門とし、その生涯でグリーンランドへの調査遠征に 4 回参加しています。その研究生活の初期から、アメリカ大陸の東海岸の形状がアフリカと西ヨーロッパの海岸と非常によく似ていて、巨大なジグソーパズルのように組み合うことに気が付きました。そこで、ウェゲナーは、大陸はかつてひとつだったが、その後、分かれて移動したという説を提案しました。かつては近接していたと考えられる地域で、岩石のタイプや見つかる化石が類似していることが、この説を後押ししました。ウェゲナーは 1915 年にこのアイデアを『大陸と海洋の起源』として出版しましたが、あまりに信じ難い説だったため、彼の死後、丸 20 年が過ぎるまでその概念は受け入れられませんでした。プレートテクトニクスとして知られるこのメカニズムは、現在ではすっかり定着しています。1930 年 11 月、グリーンランド遠征にて死去。

11

エドワード・ローレンツ
Edward Lorenz
1917–2008

おもな発見
カオス理論

1917 年 3 月 23 日、アメリカのコネチカット州ハートフォードにて生まれる。エドワード・ローレンツは、カオス理論の原理を発見した数学者で気象学者です。ローレンツは、ダートマス大学、ハーバード大学を経て、マサチューセッツ工科大学（MIT）に進学しました。MIT で職を得て、研究を続けていた 1961 年、当時はまだ目新しいコンピューターで気象モデルを動かしていたところ、ローレンツは驚くべき発見をします。モデルによる計算を途中で止めた彼は、もう一度初めから計算を行うのでは時間がかかるので、途中までの計算結果を入力して計算を再開させてみました。驚いたことに、こうして行った天気予報の結果は、最初から通して計算した結果とはまったく違うものに発展していました。これは、プリントアウトした途中までの計算結果の桁数が、コンピューターシステムが通しで計算に使っていた実際の桁数と比べて少なかったためでした。ほんのわずかの違いが、結果に大きな違いをもたらす——これがカオス理論の本質です。ローレンツによるカオス理論の講演タイトル「ブラジルでの蝶のはばたきがテキサスに竜巻を引き起こすか」から、このような結果をもたらす「バタフライ効果」という言葉も生まれました。2008 年 4 月 16 日死去。

12

ヨハネス・ケプラー
Johannes Kepler
1571–1630

> **おもな発見**
> **惑星運動の法則**

1571年12月27日、ドイツのブリュテンベルク州に生まれる。ヨハネス・ケプラーは、光学や対数の研究を行っていましたが、惑星運動の法則によって名を残しました。チュービンゲン大学で教育を受けた際に、太陽を太陽系の中心に置くという、コペルニクスの革新的な理論を学びました。ケプラーの研究生活における初期の大発見のひとつに、月は普通の惑星ではなく、地球の衛星であると、彼が作った新しい言葉である"衛星"と説明したことが挙げられます。ケプラーの宇宙に関する理論のいくつかは、今となっては少し奇妙に思えるものもあります。例えば、彼は、惑星の軌道は、球、四面体、立方体というように正多面体を互いの内部が接するようにはめ込んだときの大きさで決定できると考えていました。だからといって、彼が残した、惑星が太陽を中心に楕円を描いて動くことや惑星の公転速度を説明する法則は、今も残る科学の遺産であることに違いはありません。1630年、ドイツのレーゲンスブルクにて死去。

13

アルベルト・アインシュタイン
Albert Einstein
1879–1955

> **おもな発見**
> **相対性理論、ブラックホール、重力波**

1879年3月14日、ドイツのウルムにて生まれる。アルベルト・アインシュタインは世界で最も有名な科学者です。小さな頃から科学に興味がありましたが、正規の学校教育には反発していました。家族がイタリアに移住してからも、一人ドイツに残されて学校へ行かせられましたが、一年も経たないうちに16歳で辞めてしまいました。そして、ドイツ国籍を放棄して、スイスに移住しました。チューリッヒ工科大学で学んだ後、大学で職を得られなかったため、スイス特許庁に就職しました。特許庁ではたらく傍ら、1905年には、ブラウン運動の理論、特殊相対性理論の提唱、光電効果の説明（これは量子論の基礎となり、この功績でノーベル賞を受賞します）、そして有名な $E = mc^2$ を主張する論文を次々に発表しました。アインシュタインの研究活動は、1915年に発表した一般相対性理論でピークを迎えます。アインシュタインはこの理論で重力に関する新しい見解を示しました。さらに、レーザーのメカニズムを解明し、重力波の存在を予測しました。ユダヤ人の家系であるアインシュタインは、1933年、敵意を強めるドイツからアメリカに渡りました。1955年4月18日死去。

索引
（現象・法則）

著作者紹介

アダム・ダント　Adam Dant

国際的に有名なアーティスト。画家。大きなスケールで描かれる物語性ゆたかな線画や版画は、ヴィクトリア＆アルバート博物館、ニューヨーク近代美術館（MoMA）、リヨン現代美術館などが所蔵するほか、チャールズ皇太子をはじめ多くの著名な個人収集家のコレクションとなっている。若い芸術家への権威ある奨学金「Rome Scholarship エッチングとエングレービングの分野」や、「ジャーウッド絵画賞」の受賞者である。2015 年には、英国議会での総選挙において公式アーティストに任命される。2017 年に出版された『Maps of London & Beyond』は、2018 年の International Creative Media Awards で金賞を受賞し、2019 年の Catholic Herald book awards ではトラベル部門で 1 位を獲得している。

ブライアン・クレッグ　Brian Clegg

Royal Society of Arts（王立技芸協会）のフェロー。英国物理学会会員。メディアや講演で活躍中のサイエンスライター。40 冊以上の科学書のベストセラー作家であり、創造性や発想の開発に関する企業研修を行う傍ら、The Wall Street Journal から Physics World まで、数多くの雑誌や新聞に寄稿する。邦訳されているおもな著書に、『世界を変えた 150 の科学の本』（創元社）や『重力はなぜ生まれたのか』（ソフトバンククリエイティブ）がある。

大西光代　Mitsuyo Ohnishi

サイエンスライター・トランスレータ。博士（水産学）北海道大学。専門は海洋学と気象学。北海道札幌市を拠点として、テレワークにて子供向け一般向け科学読み物の執筆や、科学雑誌の編集、地球科学分野の論文の翻訳抄録作成などを行っている。海に関わる仕事や研究をする女性の会「海の女性ネットワーク」の会員。

左巻健男　Takeo Samaki

東京大学非常勤講師。元法政大学生命科学部環境応用化学科教授。『理科の探検（RikaTan)』編集長。大学で教鞭を執りつつ、精力的に理科教室や講演会の講師を務める。おもな著書に、『世界史は化学でできている』（ダイヤモンド社）、『面白くて眠れなくなる化学』（PHP）、『新しい高校化学の教科書』（講談社ブルーバックス）などがある。

HOW IT ALL WORKS
by Adam Dant & Brian Clegg
First published in English in 2021 by Ivy Press

Japanese translation rights arranged with Quarto Publishing Plc, London
Through Tuttle-Mori Agency, Inc., Tokyo

科学法則大全
2022年2月10日　第1刷発行

アダム・ダント 絵　／　ブライアン・クレッグ 文
大西光代 訳　／　左巻健男 監修

発行人　曽根良介
発行所　株式会社化学同人
　　　　〒600-8074
　　　　京都市下京区仏光寺通柳馬場西入ル
　　　　TEL: 075-352-3373　FAX: 075-351-8301
　　　　webmaster@kagakudojin.co.jp

装　丁　吉田考宏
ＤＴＰ　梁川智子（ケイエスティープロダクション）